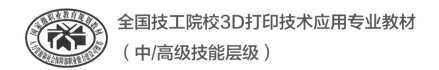

全国技工院校3D打印技术应用专业教材

（中/高级技能层级）

3D打印设备操作与维护

人力资源社会保障部教材办公室　组织编写

中国劳动社会保障出版社

简介

本书主要内容包括 FDM 工艺 3D 打印设备操作与维护、SL 工艺 3D 打印设备操作与维护、SLS 工艺 3D 打印设备操作与维护、SLM 工艺 3D 打印设备操作与维护等。本书为国家级职业教育规划教材，供技工院校 3D 打印技术应用专业教学使用，也可作为职业培训用书，或供从事相关工作的有关人员参考。

图书在版编目（CIP）数据

3D 打印设备操作与维护 / 人力资源社会保障部教材办公室组织编写 . -- 北京 : 中国劳动社会保障出版社，2022

全国技工院校 3D 打印技术应用专业教材 . 中 / 高级技能层级

ISBN 978-7-5167-5521-1

Ⅰ. ①3… Ⅱ. ①人… Ⅲ. ①快速成型技术 - 设备检修 - 技工学校 - 教材 Ⅳ. ①TB4

中国版本图书馆 CIP 数据核字（2022）第 202099 号

中国劳动社会保障出版社出版发行

（北京市惠新东街 1 号 邮政编码：100029）

*

北京谊兴印刷有限公司印刷装订 新华书店经销

787 毫米 ×1092 毫米 16 开本 11 印张 233 千字

2022 年 12 月第 1 版 2022 年 12 月第 1 次印刷

定价：35.00 元

营销中心电话：400-606-6496

出版社网址：http://www.class.com.cn

http://jg.class.com.cn

技工院校 3D 打印技术应用专业
教材编审委员会名单

编审委员会

主　　任：刘　春　程　琦

副 主 任：刘海光　杜庚星　曹江涛　吴　静　苏军生

委　　员：胡旭兰　周　军　徐廷国　金君堂　张利军　何建铵

　　　　　庞恩泉　颜芳娟　郭利华　高　杨　张　毅　张　冲

　　　　　郑艳萍　王培荣　苏扬帆　杨振虎　朱凤波　王继武

技术支持：国家增材制造创新中心

本书编审人员

主　　编：刘文刚

副 主 编：缪遇春　张　冲

参　　编：何惠玉　梁智辉　丘　凤　陈位金　邱永超　宋　康

　　　　　肖　朋　左　罗

主　　审：吴魁魁

前言
PREFACE

2015 年，国务院印发《中国制造 2025》行动纲领，部署全面推进实施制造强国战略，提出要坚持"创新驱动、质量为先、绿色发展、结构优化、人才为本"的基本方针，解决"核心基础零部件（元器件）、先进基础工艺、关键基础材料和产业技术基础"等问题，以 3D 打印为代表的先进制造技术产业应用和产业化势在必行。

增材制造（Additive Manufacturing）俗称 3D 打印，是融合了计算机辅助设计、材料加工与成形技术，以数字模型文件为基础，通过软件与数控系统将专用的金属材料、非金属材料以及医用生物材料，按照挤压、烧结、熔融、光固化、喷射等方式逐层堆积，制造出实体物品的制造技术。当前，3D 打印技术已经从研发转向产业化应用，其与信息网络技术的深度融合，将给传统制造业带来变革性影响，被称为新一轮工业革命的标志性技术之一。

随着产业的迅速发展，3D 打印技术应用人才的需求缺口日益凸显，迫切需要各地技工院校开设相关专业，培养符合市场需求的技能型人才。为了满足全国技工院校 3D 打印技术应用专业的教学要求，人力资源社会保障部教材办公室组织有关学校的骨干教师和行业、企业专家，开发了本套全国技工院校 3D 打印技术应用专业教材。

本次教材开发工作的重点主要体现在以下几个方面：

第一，通过行业、企业调研确定人才培养目标，构建课程体系。

通过行业、企业调研，掌握企业对 3D 打印技术应用专业人才的岗位需求和发展趋势，确定人才培养目标，构建科学合理的课程体系。根据课程的教学目标以及学生的认知规律，构建学生的知识和能力框架，在教材中展现新技术、新设备、新材料、新工艺，体现教材的先进性。

第二，坚持以能力为本位，突出职业教育特色。

教材采用项目—任务的模式编写，突出职业教育特色，项目选取企业的代表性工作任务进行教学转化，有机融入必要的基础知识，知识以够用、实用为原则，以满足社会对技能型人才的需要。同时，在教材中突出对学生创新意识和创新能力的培养。

第三，丰富教材表现形式，提升教学效果。

为了使教材内容更加直观、形象，教材中使用了大量的高质量照片，避免大段文字描述；精心设计栏目，以便学生更直观地理解和掌握所学内容，符合学生的认知规律；部分教材采用四色印刷，图文并茂，增强了教材内容的表现效果。

第四，开发多种教学资源，提供优质教学服务。

在教学服务方面，为方便教师教学和学生学习，配套提供了制作素材、电子课件、教案示例等教学资源，可通过技工教育网（http: //jg.class.com.cn）下载使用。除此之外，在部分教材中还借助二维码技术，针对教材中的重点、难点内容，开发制作了微视频、动画等，可使用移动设备扫描书中二维码在线观看。

在教材的开发过程中，得到了快速制造国家工程研究中心的大力支持，保证了教材的编写质量和配套资源的顺利开发，在此表示感谢。此外，教材的编写工作还得到了河北、辽宁、江苏、山东、河南、广东、陕西等省人力资源社会保障厅及有关学校的大力支持，在此我们表示诚挚的谢意。

人力资源社会保障部教材办公室

2019 年 6 月

目录
CONTENTS

* 模块四 SLM 工艺 3D 打印设备操作与维护

FDM 工艺 3D 打印设备操作与维护

任务一 绘制 FDM 工艺 3D 打印设备结构原理图

学习目标

1. 了解 FDM 工艺 3D 打印设备的基本工作原理。
2. 熟悉 FDM 工艺 3D 打印设备的结构类型。
3. 熟悉 FDM 工艺 3D 打印设备的控制系统。
4. 能绘制 FDM 工艺 3D 打印设备的结构原理图。

任务引入

FDM 工艺 3D 打印设备主要有箱体式结构、龙门式结构和三角洲结构等类型。本任务学习 FDM 工艺 3D 打印设备的基本工作原理，熟悉设备的传动结构和控制系统，绘制 FDM 工艺 3D 打印设备的结构原理图，为后续的组装、操作与维护奠定基础。

相关知识

一、FDM 工艺 3D 打印设备的基本工作原理

FDM（fused deposition modeling），即熔融沉积成形，是目前发展最成熟、应用最为广泛的快速成形技术。FDM 工艺 3D 打印设备采用的是熔融沉积成形原理，其基本工作原理如图 1-1-1 所示，打印时，打印材料在喷头内被加热熔化，喷头按照产品每层的截面轮廓和预定的填充轨迹、速率运动，同时将熔化的材料挤出，材料在空气中迅速冷却，并与周围的材料凝结，每完成一层，工作台下降或喷头上升一个层厚，继续熔融沉积成形下一层，直至堆叠形成整个实体造型。

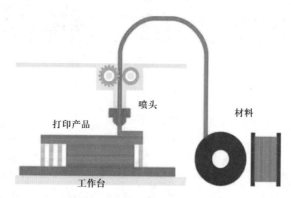

图 1-1-1　FDM 工艺 3D 打印设备的基本工作原理

二、FDM 工艺 3D 打印设备的结构类型

目前，主流的 FDM 工艺 3D 打印设备按照传动结构不同分为 3 种：箱体式结构、龙门式结构和三角洲结构，各类型 FDM 工艺 3D 打印设备的特点如下。

1. 箱体式结构 FDM 工艺 3D 打印设备

箱体式结构 FDM 工艺 3D 打印设备又称为 X-Y-Z 式 FDM 工艺 3D 打印设备，其结构如图 1-1-2 所示，采用互相独立的三个轨道轴传动，三个轨道轴分别由三个步进电动机独立控制，具有结构清晰简单、稳定性高、打印精度和打印速度等性能较高的优点。

图 1-1-2　箱体式结构 FDM 工艺 3D 打印设备

2. 龙门式结构 FDM 工艺 3D 打印设备

龙门式结构 FDM 工艺 3D 打印设备结构如图 1-1-3 所示，框架相对简单，采用龙门架结构，喷头运动方向定义为 X 方向，工作台运动方向定义为 Y 方向，Z 方向配置双电动机或单电动机双轴联动，通过丝杠带动喷头模组实现上下移动。

图 1-1-3 龙门式结构 FDM 工艺 3D 打印设备

3. 三角洲结构 FDM 工艺 3D 打印设备

三角洲结构 FDM 工艺 3D 打印设备又称为并联臂结构 FDM 工艺 3D 打印设备，其结构如图 1-1-4 所示，通过一系列互相连接的平行四边形机构控制喷头模组在 X、Y、Z 轴上的运动。在相同成本下，三轴联动结构的传动效率更高，速度更快。

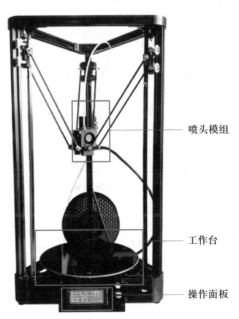

图 1-1-4 三角洲结构 FDM 工艺 3D 打印设备

三、FDM 工艺 3D 打印设备的控制系统

FDM 工艺 3D 打印设备主要通过电路系统、机械系统和软件系统三大模块实现控制。

1. 电路系统

电路系统包括电源、主控板、操作面板、步进电动机、限位开关、散热风扇、加热棒、热电偶、热床等，其组成与说明见表 1-1-1。

▼ 表 1-1-1 电路系统的组成与说明

序号	名称	说　明
1	电源	在 3D 打印设备中，电源的作用有两个，一是稳压，保证经过电源输出后的输出电压误差在额定电压的 ±10% 范围内；二是变压，将 220 V 的交流输入电压转换为满足 3D 打印设备主控板、操作面板、电动机等不同元件用电需求的 5 V、12 V、24 V、48 V 等直流电压
2	主控板	主控板是 FDM 工艺 3D 打印设备电路系统中最基本、最重要的部件之一。主控板一般为矩形多层电路板，主要包括集成微处理器、电动机驱动模块、传感器模块、通信模块及各种输入输出接口等元件
3	操作面板	操作面板是实现人机对话的纽带，主要功能包括打印准备、存储卡读取和打印控制
4	步进电动机	步进电动机是将电脉冲信号转换为角位移或线位移的开环控制电动机，是现代数字程序控制系统中的主要执行元件。通过控制脉冲个数来控制角位移量，从而达到准确定位的目的，同时可以通过控制脉冲频率来控制电动机转动的速度和加速度，从而达到调速的目的
5	限位开关	限位开关又称为行程开关，可以安装在相对静止的物体（如固定架、门框等，简称静物）上或者运动的物体（如行车、门等，简称动物）上
6	散热风扇	散热风扇常使用轴流风扇，其叶片推动空气沿与轴相同的方向流动。当入口气流是零静压的自由空气时，其功耗最低；风扇运转时，随着气流反压力的上升，功耗也会增加。轴流风扇结构紧凑、安装方便，多用于 3D 打印设备的控制系统、喷头加热部分和电动机的风冷降温
7	加热棒	加热棒是在无缝金属管（如碳钢管、钛管、不锈钢管、铜管）内装入电热丝，空隙部分填满良好导热性和绝缘性的氧化镁粉后缩管而成，再加工成所需要的各种形状，具有结构简单、热效率高、机械强度好、对恶劣的环境有良好的适应性等特点
8	热电偶	热电偶是温度测量仪表中常用的测温元件，它直接测量温度，并把温度信号转换为热电动势信号，通过电气仪表转换为被测对象的温度。不同热电偶的外形各异，但基本结构大致相同，通常由热电极、绝缘套保护管和接线盒等部分组成，一般与显示仪表、记录仪表及电子调节器配套使用
9	热床	热床是 FDM 工艺 3D 打印设备的特有配件，其作用是通过热床集成的电热模块和温度传感器模块，使热床温度达到设定的值，防止打印材料从喷头挤出后快速降温造成材料冷却收缩变形

2. 机械系统

机械系统一般包括直线导轨、螺纹紧固件、框架、外壳、同步带、丝杠螺母、工作台、喷头模组等，其组成与说明见表 1-1-2。

▼ 表 1-1-2　机械系统的组成与说明

序号	名称	说　明
1	直线导轨	在小型 FDM 工艺 3D 打印设备中，一般使用光杠、直线运动球轴承来实现喷头沿直线的往复运动；在中大型 FDM 工艺 3D 打印设备中，使用精度较高的直线导轨滑块副来实现喷头沿直线的往复运动。在直线导轨两端还配有滚动轴承和挡圈等，以防直线导轨发生轴向位移
2	螺纹紧固件	固定框架、外壳、限位开关等一般采用内六角圆柱头螺钉或半圆头螺钉；紧固带轮与轴，防止其相互转动一般采用紧定螺钉
3	框架	框架是支撑 FDM 工艺 3D 打印设备的整体基础结构，一般由铝合金型材、机械加工零件、钣金折弯零件或简易多层板激光切割零件组成
4	外壳	外壳是起安全防护和美观作用的外层结构，一般分为注塑外壳、亚克力外壳、钣金折弯外壳和简易激光切割板材外壳等
5	同步带	同步带通过传动带内表面上等距分布的横向齿和带轮上相应齿槽的啮合来传递运动，带轮和传动带之间没有相对滑动，能够保证平稳的传动比，实现比较精确的距离位移
6	丝杠螺母	通过螺杆和螺母的啮合实现回转运动与直线运动的转换，按其在机械中的作用可分为传力螺旋传动、传导螺旋传动、调整螺旋传动。常见的 FDM 工艺 3D 打印设备工作台采用传导螺旋传动，要求具有较高的传动精度
7	工作台	工作台是 3D 打印设备制作产品的工作平台，有铝合金、纤维板、钢化玻璃、工程塑料等多种材质。配合底部的调节螺钉和弹簧，实现工作台的调平和喷头的碰撞保护
8	喷头模组	喷头模组主要由送丝步进电动机、喷头模组安装块、送丝轮、压丝轮、喷嘴、喉管、加热棒、加热块、热敏电阻、散热片和散热风扇及线束等组成

3. 软件系统

软件系统主要包括固件和 PC 端的数据处理软件、分层切片软件，其组成与作用见表 1-1-3。

▼ 表1-1-3　软件系统的组成与作用

序号	名称	作　　用
1	固件	固件是指设备内部保存的设备驱动程序和底层运动逻辑程序、数据输入输出接口等，通过固件，系统才能按照指令执行机器的运行动作和传感器数据传输等，因此固件是一个系统最基础、最底层工作的软件程序
2	数据处理软件	修复 STL 等 3D 打印常用格式的数据文件存在的错误，如法向不一致、表面交叉、表面重叠、轮廓不完整等，并通过数据错误检查和修复工具，输出完整正确的三维模型数据
3	分层切片软件	根据使用的 FDM 工艺 3D 打印设备参数，设定合理的打印工艺参数，按照建议分层厚度对三维模型添加支撑和分层切片，并输出打印设备可识别的 G-CODE 等分层数据（不同的打印工艺有不同的数据要求）

📖 任务实施

根据传动结构的不同，判断 FDM 工艺 3D 打印设备的类型，并简单绘制该类型 FDM 工艺 3D 打印设备的结构原理图。

📖 知识拓展

随着技术的不断发展，FDM 工艺 3D 打印设备研发逐渐成熟，机型不断增多。如图 1-1-5 所示，CoreXY 结构 3D 打印设备是一种新机型，采用 XY 联动结构，即 X、Y 两个轴采用两个步进电动机共同协调配合传动，能有效提高传动效率，使功耗有效降低。CoreXY 结构 XY 联动原理如图 1-1-6 所示，两个同步带分别在两个平面上，两个步进电动机分别在 X、Y 方向移动的滑架上，能有效提高滑架移动精度和稳定性。若两个电动机旋转方向相同，则在 X 轴方向发生运动；若旋转方向相反，则在 Y 轴方向发生运动。

图 1-1-5　CoreXY 结构 3D 打印设备

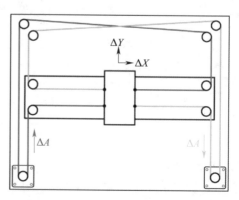

图 1-1-6　CoreXY 结构 XY 联动原理

思考与练习

1. 简述 FDM 工艺 3D 打印设备的基本原理。
2. 简述 FDM 工艺 3D 打印设备的结构类型。
3. 简要说明 FDM 工艺 3D 打印设备控制系统的组成与作用。

任务二　组装 FDM 工艺 3D 打印设备

 学习目标

1. 掌握箱体式结构 FDM 工艺 3D 打印设备的组装流程。
2. 能完成箱体式结构 FDM 工艺 3D 打印设备的组装。

 任务引入

箱体式结构 FDM 工艺 3D 打印设备最常见且结构简单，本任务以 3DP-240 型 3D 打印设备为例，完成箱体式结构 FDM 工艺 3D 打印设备机械结构和电路系统的组装，如图 1-2-1 所示。

图 1-2-1　箱体式结构 FDM 工艺 3D 打印设备

任务实施

一、任务准备

1. 根据任务要求，准备相应的工具、材料及防护用品等，见表 1-2-1。

▼ 表 1-2-1 工具、材料及防护用品清单

序号	类别	准备内容
1	工具	内六角扳手、十字旋具
2	材料	箱体式结构 FDM 工艺 3D 打印设备配件（以 3DP-240 型为例）
3	防护用品	防护手套

2. 根据表 1-2-2 列出的箱体式结构 FDM 工艺 3D 打印设备的零件清单，检查零件及其数量、规格等是否符合要求。

▼ 表 1-2-2 零件清单

序号	零件名称	数量	规格	备注
1	铝型材支架	4 根		机架模块
2	底板	1 块		机架模块
3	橡胶底脚	4 个		机架模块
4	双通六角隔离柱	8 个		机架模块
5	主控板	1 块		机架模块
6	驱动板	1 块		机架模块
7	电源	1 个	24 V，10 A	机架模块
8	Z 轴 8 mm 光轴	2 根		Z 轴系统模块
9	Z 轴限位开关	1 个		Z 轴系统模块
10	Z 轴丝杠步进电动机	1 个		Z 轴系统模块
11	电路保护盖板	1 块		Z 轴系统模块

续表

序号	零件名称	数量	规格	备注
12	光轴固定块	4 块		Z 轴系统模块
13	Z 轴固定架	1 个		Z 轴系统模块
14	工作台支架	1 个		Z 轴系统模块
15	工作台	1 块		Z 轴系统模块
16	压缩弹簧	4 个		Z 轴系统模块
17	直线运动球轴承	2 个		Z 轴系统模块
18	梯形螺母	1 个	Tr8x2—7H	Z 轴系统模块
19	Z 轴限位板	1 块		Z 轴系统模块
20	限位开关	2 个		XY 轴系统模块
21	限位开关支架	1 个		XY 轴系统模块
22	电动机固定块	1 块		XY 轴系统模块
23	X 轴步进电动机	1 个		XY 轴系统模块
24	Y 轴步进电动机	1 个		XY 轴系统模块
25	X 轴电动机滑块	1 块		XY 轴系统模块
26	喷头滑块	1 块		XY 轴系统模块
27	X 轴滑块	1 块		XY 轴系统模块
28	光轴固定块	4 块		XY 轴系统模块
29	轴套	4 块		XY 轴系统模块
30	同步带轮	6 个		XY 轴系统模块
31	同步带	若干		XY 轴系统模块
32	扭转弹簧	3 个		XY 轴系统模块
33	8 mm 光轴	4 根		XY 轴系统模块
34	6 mm 光轴	2 根		XY 轴系统模块

续表

序号	零件名称	数量	规格	备注
35	Y 轴固定片	4 块		XY 轴系统模块
36	滚动轴承	4 个		XY 轴系统模块
37	直线运动球轴承	4 个		XY 轴系统模块
38	孔用弹性挡圈	4 个		XY 轴系统模块
39	送丝轮	1 个		喷头模组
40	压丝轮	1 个		喷头模组
41	压丝轮连接杆	1 个		喷头模组
42	喷头模组安装块	1 个		喷头模组
43	喷头组件	1 个		喷头模组
44	散热风扇	1 个		喷头模组
45	送丝步进电动机	1 个		喷头模组
46	散热片	1 个		喷头模组
47	压缩弹簧	1 个		喷头模组
48	上盖	1 个		外壳模块
49	左端盖	1 个		外壳模块
50	右端盖	1 个		外壳模块
51	前面板	1 个		外壳模块
52	背板	1 个		外壳模块
53	电源插座	1 个		外壳模块
54	双通六角隔离柱	2 个		外壳模块
55	显示屏	1 个		外壳模块
56	按钮	3 个		外壳模块
57	螺钉 1（内六角圆柱头螺钉）	若干	M4×10	紧固件

续表

序号	零件名称	数量	规格	备注
58	螺钉 2（内六角圆柱头螺钉）	若干	M3×10	紧固件
59	螺钉 3（内六角圆柱头螺钉）	若干	M6×15	紧固件
60	螺钉 4（内六角圆柱头螺钉）	若干	M5×25	紧固件
61	螺钉 5（内六角圆柱头螺钉）	若干	M5×15	紧固件
62	螺钉 6（内六角沉头螺钉）	若干	M4×30	紧固件
63	螺钉 7（内六角平端紧定螺钉）	若干	M2×5	紧固件
64	螺钉 8（内六角圆柱头螺钉）	若干	M3×35	紧固件
65	螺钉 9（内六角平端紧定螺钉）	若干	M4×4	紧固件
66	螺钉 10（十字槽沉头自攻螺钉）	若干	ST4.2×16	紧固件
67	螺钉 11（内六角圆柱头螺钉）	若干	M3×25	紧固件
68	螺钉 12（内六角圆柱头螺钉）	若干	M2×10	紧固件
69	螺钉 13（十字槽沉头自攻螺钉）	若干	ST3.5×9.5	紧固件
70	平垫圈 1	若干	5	紧固件
71	平垫圈 2	若干	3	紧固件
72	平垫圈 3	若干	4	紧固件
73	弹簧垫圈 1	若干	5	紧固件
74	弹簧垫圈 2	若干	3	紧固件
75	弹簧垫圈 3	若干	4	紧固件
76	六角螺母 1	若干	M5	紧固件
77	六角螺母 2	若干	M4	紧固件
78	六角螺母 3	若干	M3	紧固件
79	滚花高螺母	若干	M4	紧固件

二、箱体式结构 FDM 工艺 3D 打印设备机械结构组装

箱体式结构 FDM 工艺 3D 打印设备的机械结构可分为机架模块、Z 轴系统模块、XY 轴系统模块、喷头模组和外壳模块等。零部件之间均由紧固件进行安装固定，设备所用紧固件均使用内六角扳手和十字旋具紧固，如图 1-2-2 所示。

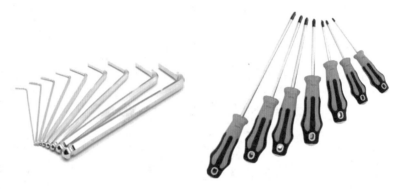

图 1-2-2　内六角扳手和十字旋具

1. 机架模块的组装

（1）将底板放置在稳固的工作台上，注意底板的方向；如图 1-2-3 所示，使用螺钉 1 将电源安装到左侧对应的孔位上，使用螺钉 2 穿过底板对应孔位固定 8 个双通六角隔离柱，然后再用螺钉 2 分别将主控板、驱动板固定到相应的双通六角隔离柱上。

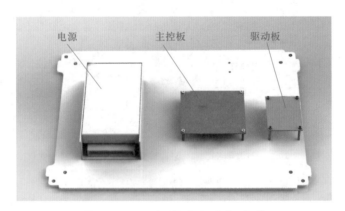

图 1-2-3　电源及电路板安装

（2）如图 1-2-4 所示，使用螺钉 3 将四根铝型材支架（即立柱）分别安装到底板的四个角。底部应安装橡胶底脚，对整个设备起到减震的作用，使用螺钉 4 穿过平垫圈 1、四个橡胶底脚和底板、铝型材支架上的光孔，再依次使用平垫圈 1、弹簧垫圈 1、六角螺母 1 将橡胶底脚固定到底板上。安装橡胶底脚时应注意不能拧得太紧，以免橡胶底脚开裂。机架模块组装完成。

图 1-2-4　机架模块组装

2. Z 轴系统模块的组装

（1）如图 1-2-5 所示，将两个光轴固定块安装到 Z 轴固定架上，光轴固定块是支撑 Z 轴光轴的主要部件，使用螺钉 2、弹簧垫圈 2、平垫圈 2 配合拧紧。

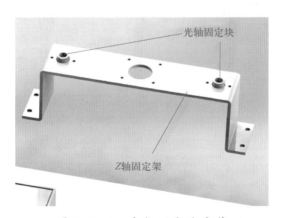

图 1-2-5　光轴固定块安装

（2）如图 1-2-6 所示，将 Z 轴丝杠步进电动机安装到 Z 轴固定架中间的孔中，使用 4 个螺钉 2 固定；再将 Z 轴固定架安装到底板上，配合平垫圈 1、弹簧垫圈 1，使用 4 个螺钉 5 和六角螺母 1 拧紧；最后将两根 Z 轴 8 mm 光轴插入 Z 轴固定架的光轴固定块。

（3）如图 1-2-7 所示，将电路保护盖板安装到底板上。注意：为方便后期连接线路，可以先不上紧螺钉，待线路连接完成后再上紧。

（4）如图 1-2-8 所示，将梯形螺母旋入丝杠中，等工作台组件套入 Z 轴系统光轴和丝杠后，再将两个直线运动球轴承分别套入 Z 轴 8 mm 光轴中，直线运动球轴承安装时动作应轻缓，以免把轴承内的滚珠顶出。

图 1-2-6　Z 轴固定架、光轴及电动机安装

图 1-2-7　电路保护盖板安装

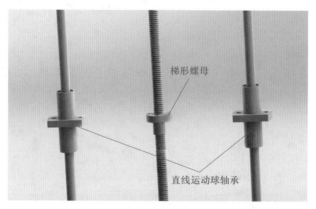

图 1-2-8　梯形螺母及直线运动球轴承安装

（5）如图 1-2-9 所示，将螺钉 6 穿过工作台的四个孔，依次使用平垫圈 3、弹簧垫圈 3 和六角螺母 2 拧紧，再分别套入压缩弹簧并穿过工作台支架，使弹簧有一定的压缩量（弹簧压缩量约 4 mm），最后将滚花高螺母旋到螺钉 6 上。

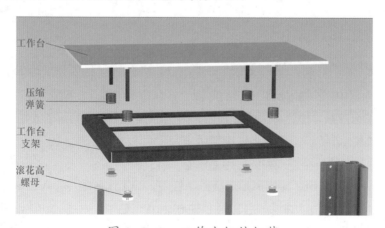

图 1-2-9　工作台组件组装

（6）如图 1-2-10 所示，将工作台组件套入 Z 轴系统中，使用螺钉 2 穿过直线运动球轴承两侧的沉孔，将工作台支架两侧固定到直线运动球轴承上，再使用螺钉 2、弹簧垫圈 2、平垫圈 2 将梯形螺母固定到工作台支架中间的孔中。

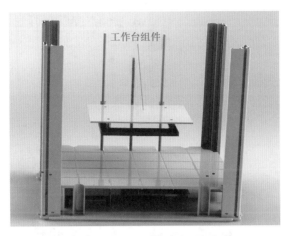

图 1-2-10　工作台组件安装

（7）如图 1-2-11 所示，将两个光轴固定块分别套入两根 Z 轴 8 mm 光轴的顶端。Z 轴系统模块组装完成。

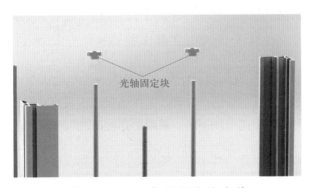

图 1-2-11　光轴固定块安装

3. XY 轴系统模块的组装

（1）如图 1-2-12 所示，将电动机固定块安装到 Y 轴步进电动机上，并将同步带轮套入 Y 轴步进电动机轴上，使用螺钉 7 拧紧；再将整个 Y 轴步进电动机插入铝型材支架中，使用螺钉 1 穿过铝型材支架上的对应孔位将其固定。

（2）如图 1-2-13 所示，将同步带轮套入 X 轴步进电动机轴上，使用螺钉 7 拧紧，并将 X 轴步进电动机安装到 X 轴电动机滑块上；将一根 8 mm 光轴插入 X 轴电动机滑块上部的孔中，在 8 mm 光轴两端套入光轴固定块。

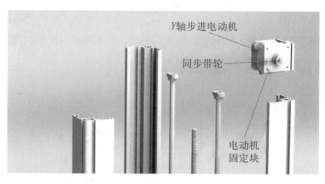

图 1-2-12　Y 轴电动机组件安装

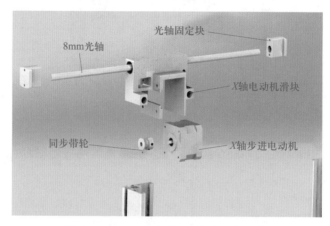

图 1-2-13　X 轴电动机组件安装

（3）如图 1-2-14 所示，将两根 8 mm 光轴插入 X 轴电动机滑块下部的两个孔中，将四个直线运动球轴承装入喷头滑块后一并套入 8 mm 光轴。注意：安装时动作要轻缓，以免把喷头滑块中直线运动球轴承的滚珠顶出。最后用孔用弹性挡圈固定直线运动球轴承。

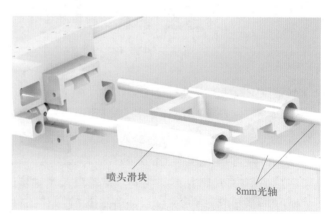

图 1-2-14　喷头滑块组件安装

（4）如图 1-2-15 所示，将限位开关支架放入铝型材支架导槽中，到达导槽预留孔位后，使用螺钉 2 将其固定。将 X 轴滑块插入 8 mm 光轴另一端，并用螺钉 7 拧紧；将另外一根 8 mm 光轴插入 X 轴滑块上端的孔中，并在 8 mm 光轴两端套入光轴固定块；再把光轴固定块装入铝型材支架中，并用螺钉 6 将光轴固定块固定到铝型材支架上。

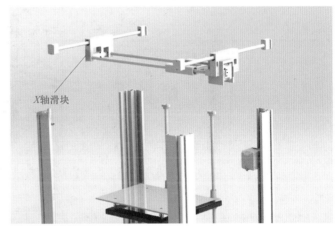

图 1-2-15　X 轴运动组件安装

（5）如图 1-2-16 所示，将四个同步带轮套入两根 6 mm 光轴，使用螺钉 7 将同步带轮和光轴预压紧（后期还需调整）；在 6 mm 光轴的两端依次套入轴套、滚动轴承，并将 Y 轴固定片套在滚动轴承上；再将 Y 轴固定片装入铝型材支架上，并用螺钉 2 紧固。注意：紧固前，同步带轮与 Y 轴步进电动机之间的同步带应提前装入。

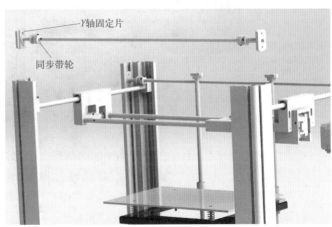

图 1-2-16　Y 轴组件安装

（6）如图 1-2-17 所示，将 Z 轴限位板安装到铝型材支架上，并用螺钉 2 将其与光轴固定块连接固定。安装同步带，并使用扭转弹簧使同步带保持张紧状态；手动移动各运动部件，调整各部件的配合使其可以顺畅运动。XY 轴系统模块组装完成。

图 1-2-17　XY 轴系统模块组装

4. 喷头模组的组装

3DP-240 型 3D 打印设备喷头模组的结构组成如图 1-2-18 所示。

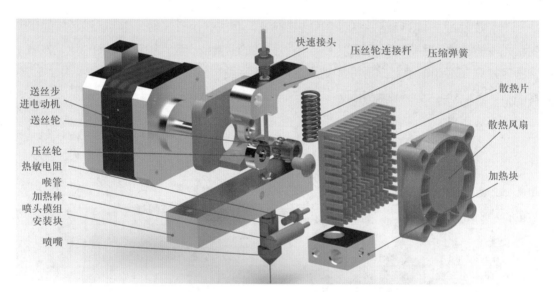

图 1-2-18　喷头模组的结构组成

（1）如图 1-2-19 所示，将送丝轮套入送丝步进电动机轴中，使用螺钉 2 将压丝轮连接杆固定到送丝步进电动机一角，再将压丝轮安装到压丝轮连接杆上，使用螺钉 7 紧固，安装完成后检查压丝轮转动是否流畅。

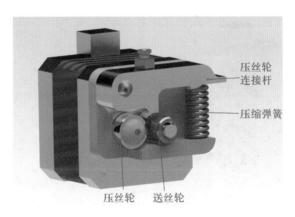

图 1-2-19　送丝轮与压丝轮安装

（2）如图 1-2-20 所示，使用螺钉 8 依次穿过散热风扇、散热片、喷头模组安装块左侧圆孔，与送丝步进电动机左下角螺纹孔连接；抬起压丝轮连接杆装入压缩弹簧，再使用螺钉 8 依次穿过上述零件，与送丝步进电动机右下角螺纹孔连接；然后拧紧两个螺钉，完成固定。

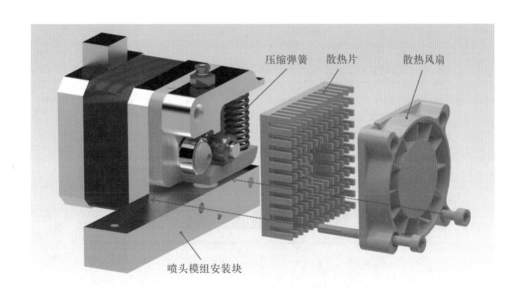

图 1-2-20　散热片、散热风扇与送丝步进电动机安装

（3）如图 1-2-21 所示，将由加热块、加热棒、热敏电阻、喷头、喉管等组成的喷头组件安装到喷头模组安装块底部，并用螺钉 9 紧固；然后将整个喷头模组安装到喷头滑块上，并用螺钉 2 固定。

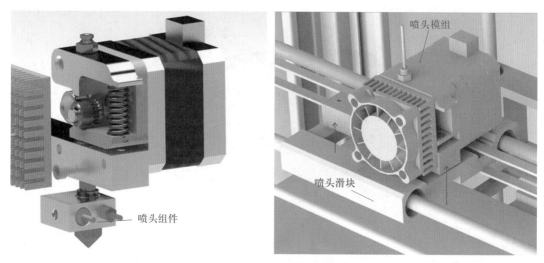

图 1-2-21　喷头组件及喷头模组的安装

（4）如图 1-2-22 所示，整个喷头模组安装到喷头滑块后，使用同步带连接到喷头滑块底部，检查喷头模组能否顺畅滑动。喷头模组组装完成。

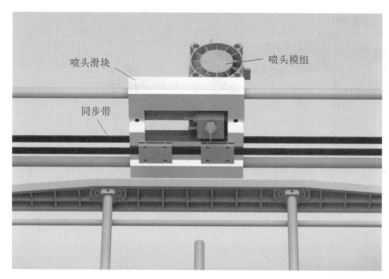

图 1-2-22　喷头模组检查

5. 外壳模块的组装

（1）如图 1-2-23 所示，将上盖安装到设备的顶部，使用螺钉 10 紧固。由于上盖在整个设备的上端起固定作用，此时 XY 轴系统模块的同步带可能松紧程度有所变化，因此还要再次检查、调整同步带，使其保持一定的张紧程度。

图 1-2-23　上盖安装

（2）如图 1-2-24 所示，将 Z 轴限位开关安装到背板上，使用螺钉 11 配合六角螺母 3 拧紧；使用螺钉 10 将电源插座固定到背板对应的安装孔位；使用螺钉 2 将双通六角隔离柱和快速拆卸接头接插座固定到背板对应的安装孔位；再将背板安装到铝型材支架上。

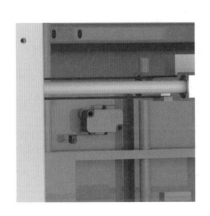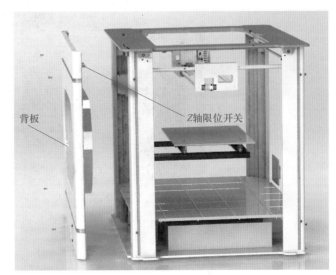

图 1-2-24　背板安装

（3）如图 1-2-25 所示，将 X 轴限位开关安装到 X 轴电动机滑块上方的孔中，使用螺钉 12 拧紧，将 Y 轴限位开关安装到铝型材支架上，然后整理线路，连接显示屏。

图 1-2-25　限位开关安装

（4）如图 1-2-26 所示，将前面板安装到铝型材支架上，将显示屏固定到前面板上，装入按钮，使用螺钉 13 拧紧显示屏。

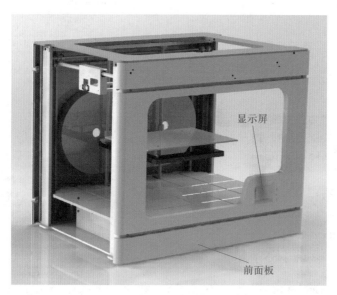

图 1-2-26　前面板安装

（5）如图 1-2-27 所示，再次检查设备各运动部件运动是否流畅并进行调整，然后安装左端盖和右端盖。至此箱体式结构 FDM 工艺 3D 打印设备的机械结构组装完成。

图 1-2-27　端盖安装

三、箱体式结构 FDM 工艺 3D 打印设备电路系统组装

1. 认识 3DP-240 型 3D 打印设备的电路系统

3DP-240 型 3D 打印设备底板上组装完成的电路系统如图 1-2-28 所示。其中主控板、驱动板上各接口位置如图 1-2-29 所示。

图 1-2-28　3DP-240 型 3D 打印设备电路系统

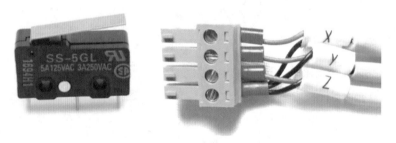

图 1-2-29　3DP-240 型 3D 打印设备主控板和驱动板上各接口位置

2. 3DP-240 型 3D 打印设备电路部件连接

（1）限位开关接线：X 轴限位开关接"$X+$"接口，Y 轴限位开关接"$Y+$"接口，Z 轴限位开关接"$Z+$"接口。限位开关及其接头如图 1-2-30 所示。

图 1-2-30　限位开关及其接头

（2）热敏电阻接线：喷头上的热敏电阻通过快速拆卸接头接主控板热敏电阻接口。热敏电阻及其安装位置如图 1-2-31 所示。

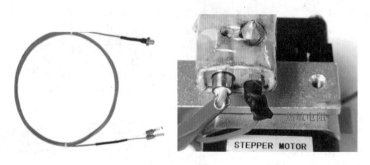

图 1-2-31　热敏电阻及其安装位置

（3）电动机接线：X、Y、Z 轴步进电动机分别接驱动板相应步进电动机接口，送丝步进电动机通过快速拆卸接头接驱动板送丝步进电动机接口，如图 1-2-32 所示。

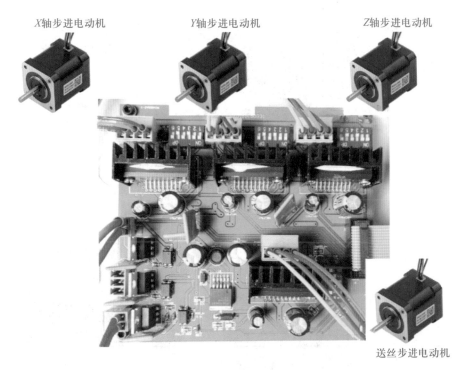

图 1-2-32　电动机接线位置

（4）加热棒接线：喷头上的加热棒引线接驱动板加热棒接口，不分正负。加热棒及其安装位置如图 1-2-33 所示。

图 1-2-33　加热棒及其安装位置

（5）散热风扇接线：喷头上的散热风扇通过快速拆卸接头接电源 24 V 输出接口，红正黑负，如图 1-2-34 所示。

图 1-2-34　散热风扇安装位置、快速拆卸接头及电源安装位置

（6）显示屏接线：显示屏安装在前面板上，其数据线接主控板上对应接口，如图 1-2-35 所示。

图 1-2-35　显示屏及其接线位置

（7）220 V 交流电源接入：为便于电源线插拔和搬运，交流电源通过带熔断器的开关插座接入，如图 1-2-36 所示，其中火线通过插座上的开关再接入底板上的电源输入端，零线和地线直接接入电源输入端。

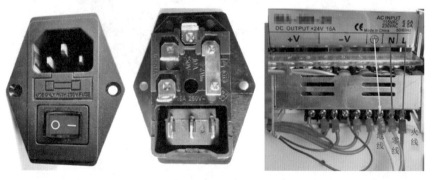

图 1-2-36　交流电源插座及其接线位置

3. 3DP-240 型 3D 打印设备内部线路整理

电路连接完成，且检查无误后，对线缆进行分类和整理，220 V 交流强电、加热线路可以整理在一起，步进驱动、热电偶等控制弱电线路整理在一起，使用粘块和扎带将线缆固定在底板上，要求美观、实用。

四、调试验证

组装完成后，对 3D 打印设备进行通电测试，根据指示灯是否常亮判断设备电路是否接通，若出现问题，记录下来，再次检查，直至电路接通。

 思考与练习

阐述在实施装配前列出零件清单的意义。

任务三　操作 FDM 工艺 3D 打印设备

 学习目标

1. 了解 FDM 工艺 3D 打印的工艺流程。
2. 能正确操作 FDM 工艺 3D 打印设备。
3. 掌握 FDM 工艺 3D 打印设备的日常维护方法。

 任务引入

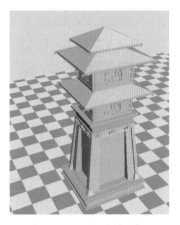

完成箱体式结构 FDM 工艺 3D 打印设备组装与调试后，本任务导入已经设计好的三维模型数据文件，操作设备打印如图 1-3-1 所示的塔楼样品，验证设备能否正常工作。打印材料为 PLA，要求打印产品无翘边现象。

图 1-3-1　塔楼样品

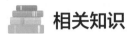 **相关知识**

一、FDM 工艺 3D 打印的工艺流程

FDM 工艺 3D 打印的工艺流程一般分为三维模型创建、三维模型数据导出、数据文件处理、熔融沉积成形和产品后处理 5 个步骤，如图 1-3-2 所示。

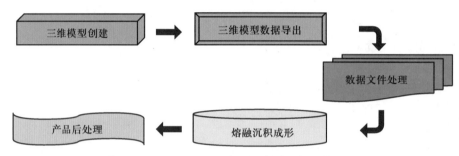

图 1-3-2　FDM 工艺 3D 打印的工艺流程

1. 三维模型创建

三维模型的创建通常有正向和逆向两种途径。正向设计是利用计算机辅助设计软件设计三维模型，常用的正向设计软件有 UG、CERO 和 SolidWorks 等；逆向设计是根据已有实物的三维扫描数据进行重构来获取三维模型，常用的逆向设计软件有 Geomagic Wrap、DesignX 等。

2. 三维模型数据导出

创建好的模型一般是不能直接输入到 3D 打印设备中打印的，需要通过一种特定的文件转换才能实现。因此，在创建完模型后都要进行模型数据的转换，导出数据处理所需要的文件格式，这种格式的文件后缀为 stl。

3. 数据文件处理

由于 FDM 工艺是将模型按照一层层截面堆积成形，因此，需要将导出的模型"切成薄片"，类似纸张堆叠在一起的效果。经过分层切片软件对"薄片"的处理，转换为 FDM 工艺 3D 打印设备能够识别的 G 代码文件。G 代码文件就是控制喷头移动的一系列坐标点的集合。根据打印精度、打印速度的需求，分层厚度一般控制在 0.1 ~ 0.3 mm 范围内。

4. 熔融沉积成形

将 G 代码文件通过 U 盘、存储卡、数据线等导入 FDM 工艺 3D 打印设备，设备根据导入的 G 代码文件控制喷头运动进行熔融沉积成形。

5. 产品后处理

主要是去除实体的支撑，对打印产品进行表面处理，如拼接、补土、打磨、上色等，使成形精度、表面粗糙度和外观颜色等达到要求。

二、FDM 工艺 3D 打印设备的操作步骤

FDM 工艺 3D 打印设备的操作步骤主要包括预热进料、工作台回零、工作台调平、产品打印等。

1. 预热进料

FDM 工艺 3D 打印设备使用的打印材料具有热塑性，当材料达到一定温度后，材料呈熔融状态，发生塑性变形，这样材料才能以熔融状态进入喷头。因此，在进料前应先对喷头进行预加热，达到预定的温度后再进行进料操作。

2. 工作台回零

FDM 工艺 3D 打印设备每次断电或调试后，重新开启设备，都需要对设备进行工作台"回零"操作，其主要作用是使 X、Y、Z 三个方向坐标轴的"零点"回到设备出厂时设定的位置，建立打印的"起点"。设备的"零点"由限位开关在导轨上的位置决定，各轴在回零过程中，导轨上的挡块触碰到限位开关，相应轴配对的步进电动机停止转动，该轴的零点就确定了。当三个轴都到达限位开关所限定的位置时，"回零"操作结束。

使坐标轴回零的方法通常有两种：一是使用设备操作面板使坐标轴回零；二是使用计算机发送指令"G28 X0 Y0 Z0"，使坐标轴回零。

3. 工作台调平

在 FDM 工艺 3D 打印设备的打印操作中，第一层材料能否均匀稳固地附着在工作台上，决定了整体打印的成败。喷头与工作台的间隙通常为 0.2 mm。若喷头与工作台的间隙太小，会导致材料挤出困难或第一层凹凸不平，甚至会导致喷头剐蹭工作台；若喷头与工作台的间隙太大，会导致产品与工作台黏结不牢，出现翘边甚至脱落。因此，FDM 工艺 3D 打印设备初次使用或搬运移动后再次使用时，由于放置的位置发生变化，需要对工作台进行调平，其目的是保证打印过程中喷头与工作台始终保持相同的距离。

对工作台进行调平的方法主要有以下两种：

（1）使用工作台调平螺钉进行调平，如图 1-3-3 所示。当设备的 Z 轴回零后，断开设备对 X、Y 轴步进电动机的控制，确保可以手动移动喷头。然后将调平样板（常用一张 A4 纸）放在喷头与工作台之间，手动控制喷头移动到工作台的四个角，注意移动应缓慢，不可太快。在移动喷头的同时，轻轻抽拉 A4 纸，如果 A4 纸能顺利通过且带轻微阻力，则说明喷头与工作台的间隙合适。如果 A4 纸较难拉动，说明喷头与工作台的间隙太小，应顺时针方向拧动调平螺钉，扩大间隙；反之，如果 A4 纸轻易被拉出，说明喷头与工作台的间隙太大，应逆时针方向拧动调平螺钉，减小间隙。如此反复，直至把工作台调平。

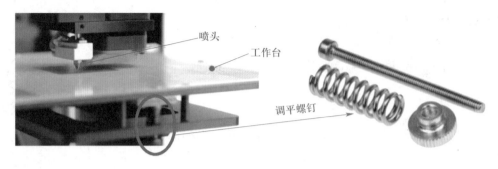

图 1-3-3　调平螺钉

（2）使用设备自带的自动调平功能进行调平。随着技术的发展，越来越多的 3D 打印设备带有自动调平功能。大多数设备的自动调平原理是先探测喷头与工作台之间的距离，然后通过软件进行补偿。以三角洲结构 FDM 工艺 3D 打印设备为例，其自动调平原理是通过探测工作台上数个点的坐标来调整工作台的高度及倾斜角度，再通过软件进行补偿。实现的方式大致分为以下两种：

1）采用限位开关接触式探测的方法，如图 1-3-4 所示，调平时舵机带动限位开关旋转，将微动开关触头朝下，通过喷头模组向下移动，限位开关触头接触到工作台来触发限位开关，以此获取工作台上该点高度数值。

2）采用光电开关非接触式探测的方法，如图 1-3-5 所示，其原理是利用光的反射原理测量距离。

图 1-3-4　限位开关

图 1-3-5　光电开关

4. 产品打印

将处理好的模型数据文件存储到存储卡等存储介质，然后将存储卡等存储介质插入 FDM 工艺 3D 打印设备的读卡器；在操作面板上选择"由存储卡"选项，再选择需要打印的模型，FDM 工艺 3D 打印设备开始加热喷头，当温度达到预定值后，设备自动开始打印。

三、FDM 工艺 3D 打印设备的日常维护

1. 喷头模组的日常维护

喷头模组是 FDM 工艺 3D 打印设备维护的重点，其结构和原理如图 1-3-6 所示。

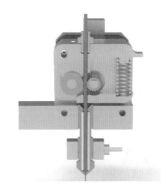

图 1-3-6 喷头模组的结构和原理

　　丝材由上部的快速接头进入，然后穿过由弹簧作用的压丝轮和步进电动机带动的送丝轮，再经过散热管和防止快速融化的聚四氟乙烯喉管进入喷嘴，加热到熔融状态后被后面未熔融的丝材挤出。

　　由喷头模组的结构和原理可知，操作中常见的喷头堵料问题，具体分为四种情况，其原因和处理方法见表 1-3-1。

▼ 表 1-3-1 喷头堵料的原因和处理方法

序号	喷头堵料位置	原因	处理方法
1	快速接头与送丝轮处堵料	内部有未挤出的丝材	加热将其挤出
		快速接头出口与送丝轮之间距离较大，丝材弯曲时无法准确进入送丝轮出口处的散热管进料口	将丝材顺直并剪齐端头后再次插入
2	喉管处堵料	散热不够，内部温度较高，后面的丝材受热软化不足以将前面熔融的材料挤出	检查并确保散热风扇正常运行
		喉管没有上紧或长度不够，在散热管接口处有台阶或者空隙挡住丝材	检查并确保喉管上紧或者更换合适的喉管
3	喷嘴处堵料	丝材质量不佳，杂质较多使出料受阻	更换丝材
		打印完成后没有及时清理喷嘴余料，导致出口处有固化的残料堵塞喷嘴	加热后用附带的通针通孔
4	送丝轮卡顿失效	出现上述问题后，未及时处理，送丝轮啃食丝材导致送丝轮沟槽被丝材碎屑填满，无法提供足够的摩擦力推动丝材送入	检查散热风扇和散热片后，用小型一字旋具清理送丝轮沟槽残料

2. 传动系统的日常维护

（1）严格检测传动轴的平稳程度和同步带轮中心线的平行度。

（2）及时了解设备的润滑状况，适时添加润滑油。

（3）检查同步带的易磨损部分，适时更换新的同步带。

（4）检查设备所有紧固螺钉，防止松动。

任务实施

一、任务准备

1. 根据任务要求，准备相应的设备、工具、材料及防护用品等，见表 1-3-2。

▼ 表 1-3-2　设备、工具、材料及防护用品清单

序号	类别	准备内容
1	设备	箱体式结构 FDM 工艺 3D 打印设备（以 3DP-240 型为例）
2	工具	SD 卡、平铲、砂纸、锉刀、斜口钳
3	材料	PLA 丝材
4	防护用品	防护手套、防护眼镜

2. 将已经处理好的塔楼样品 G 代码文件提前拷入 SD 卡中。

二、样品制作

1. 安装丝材

打开丝材包装盒，将真空包装的丝材取出，然后将真空保护膜剪开，取出丝材。将丝材按照左侧顺时针、右侧逆时针的方向，挂在 3D 打印设备背部的丝材挂轴上。将丝材端部拉出，从设备上方的长圆形进丝孔穿入设备内部，然后一只手按下喷头中部的压丝轮连接杆，另一只手将丝材送入喷头进丝孔中，直至不能送入为止。

2. 开机

将电源线接口插入 3D 打印设备后方的电源插座上，电源线插头插入供电电源插座，确认连接可靠后，打开设备电源插座旁边的开关，设备通电后自动开启。

3. 预热进料

如图 1-3-7 所示，3D 打印设备显示屏右侧有三个按钮，从上到下分别是：向上、菜单 / 确定、向下。

图 1-3-7　设备显示屏与三个按钮

　　按下"菜单 / 确定"按钮，然后选择显示屏上的"准备"选项，再按"菜单 / 确定"按钮进入准备选项，然后选择"预热 PLA"选项，再按"菜单 / 确定"按钮进行预热，如图 1-3-8 所示。喷头开始升温，达到预定温度后进行下一步操作。

图 1-3-8　喷头预热

　　按下"菜单 / 确定"按钮，然后选择"准备"选项，再按"菜单 / 确定"按钮，然后选择"移动轴"选项，再按"菜单 / 确定"按钮，然后选择"Move 1 mm"选项，按"向下"按钮进丝，按"向上"按钮退丝，如图 1-3-9 所示。

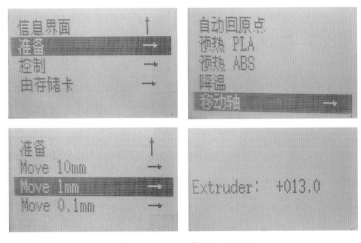

图 1-3-9　进丝 / 退丝

4. 工作台回零

按下"菜单/确定"按钮，然后选择"准备"选项，再按"菜单/确定"按钮，然后选择"自动回原点"选项，再按"菜单/确定"按钮，如图 1-3-10 所示，3D 打印设备的各个轴开始自动回零。

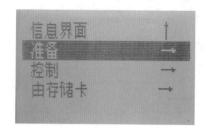

图 1-3-10　自动回零

 注意：

箱体式结构 FDM 工艺 3D 打印设备需要按顺序回零，先 Z 轴回零，再 X、Y 轴回零，以避免喷头碰到工作台。

5. 工作台调平

调平前应先检查喷头喷嘴上是否有残余丝材并清理干净。

使用 A4 纸作为间隙测量工具，在工作台回零后，依次在工作台四个角向内 3 厘米处，移动喷头，将 A4 纸放到喷头和工作台之间，然后调节调平螺钉，使得 A4 纸稍微用力能从喷头和工作台之间抽出为止。

6. 产品打印

将存有处理好的 G 代码文件的 SD 卡插入 FDM 工艺 3D 打印设备的读卡器接口。

为防止工作台可能出现打印产品黏结不牢的情况，开始打印前，可以先在工作台上涂抹一层固体胶，增加底层打印材料与工作台的黏结力。先按下"菜单/确定"按钮，然后选择显示屏上的"由存储卡"选项，再按"菜单/确定"按钮，在出现的文件列表中选择要打印的塔楼样品 G 代码文件，再按"菜单/确定"按钮，FDM 工艺 3D 打印设备自动执行初始化运动，等待喷头加热至工作温度，开始打印产品。

设备进入打印状态后，只需等待设备逐层堆积打印材料直到完成整个产品的打印。

7. 取出产品

产品打印完毕，设备自动归位。此时可以用平铲从边角处铲起产品并取出。取出产品后，戴上防护手套和眼镜，利用斜口钳去除支撑，还可根据表面质量要求，利用砂纸或锉刀对产品表面进行打磨处理，处理前、后的效果如图 1-3-11 和图 1-3-12 所示。

图 1-3-11　处理前的塔楼样品

图 1-3-12　处理后的塔楼样品

 思考与练习

1. 简述 FDM 工艺 3D 打印的工艺流程。
2. 简述 FDM 工艺 3D 打印设备的操作步骤。
3. PLA 材料的打印温度是多少？

任务四　测试 FDM 工艺 3D 打印设备的性能

 学习目标

1. 掌握 FDM 工艺 3D 打印设备的性能测试方法。
2. 理解打印参数设置的意义。
3. 能合理设置参数打印合格产品。

任务引入

FDM 工艺 3D 打印设备要获得良好的打印质量必须进行性能测试，获得最佳的打印参数。

 相关知识

FDM 工艺 3D 打印设备性能测试项目包括最小特征、摆放角度、跨距、分层厚度和悬臂长度等。

一、最小特征

最小特征测试项目用于测试设备能打印的最小壁厚及最小尺寸参数，常以小圆柱体、长方体作为测试对象。喷头喷嘴直径决定了 FDM 工艺 3D 打印设备可以加工的最小特征。在设计模型时，最小尺寸应大于喷头喷嘴直径。测试模型参考图 1-4-1 所示。

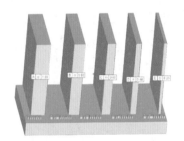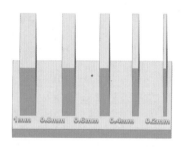

图 1-4-1 最小特征测试模型

二、摆放角度

模型的摆放影响打印效率与打印质量，最佳摆放角度是指模型与工作台之间的最小无支撑倾斜角度。通常选择 90°、70°、60°、45°、30°等进行测试，测试模型参考图 1-4-2 所示。

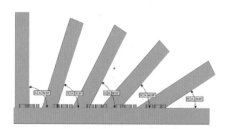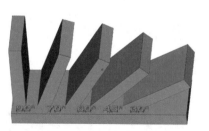

图 1-4-2 摆放角度测试模型

三、跨距

悬空距离对模型变形程度存在一定影响，最大跨距是指模型的最大无支撑悬空距离。通常选择 20 mm、16 mm、10 mm、8 m、6 mm 等进行测试，测试模型参考图 1-4-3 所示，以模型凹陷平面无下沉变形时的最大悬空距离为最大跨距。

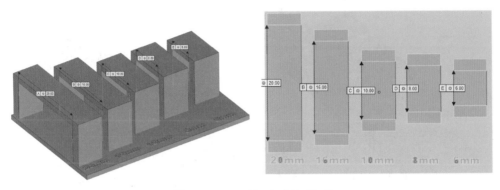

图 1-4-3　跨距测试模型

四、分层厚度

分层厚度对打印时间、模型表面质量存在一定影响。分层厚度越大，打印时间越短，产品表面越粗糙；分层厚度越小，打印时间越长，产品表面越光滑。通常选择 0.1 mm、0.2 mm、0.3 mm、0.4 mm、0.5 mm 等进行测试，测试模型参考图 1-4-4 所示单层圆环和壁厚 2 mm 圆环。

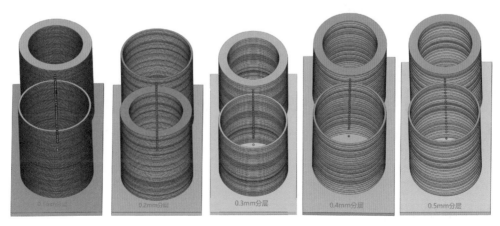

图 1-4-4　分层厚度测试模型

五、悬臂长度

悬臂伸长对模型变形程度存在一定影响。最大悬臂长度是指模型的最大无支撑边缘悬空长度。通常选择 1 mm、2 mm、3 mm、4 mm、5 mm 等进行测试，测试模型参考图 1-4-5 所示。

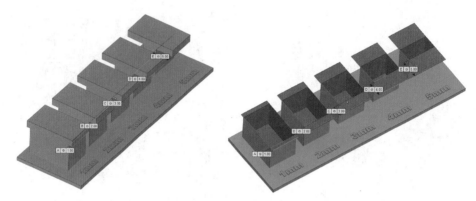

图 1-4-5　悬臂长度测试模型

📖 任务实施

运用控制变量法（即将测试模型中的一个参数作为变量，而其他参数作为常量），通过分别调整最小特征、摆放角度、跨距、分层厚度和悬臂长度等参数，测试打印参数对 FDM 工艺 3D 打印设备打印质量的影响。

性能测试实施过程中，先创建测试模型，然后打印并记录测试结果（见表 1-4-1 至表 1-4-5），最后进行对比分析，总结找出最佳打印参数。

▼ 表 1-4-1　最小特征测试记录表格

厚度 /mm	1	0.8	0.6	0.4	0.2
打印结果情况表述					

▼ 表 1-4-2　摆放角度测试记录表格

摆放角度	90°	70°	60°	45°	30°
打印结果情况表述					

▼ 表 1-4-3 跨距测试记录表格

跨距 /mm	20	16	10	8	6
打印结果情况表述					

▼ 表 1-4-4 分层厚度测试记录表格

分层厚度 /mm	0.1	0.2	0.3	0.4	0.5
打印结果情况表述					

▼ 表 1-4-5 悬臂长度测试记录表格

悬臂长度 /mm	1	2	3	4	5
打印结果情况表述					

 知识拓展

随着技术的发展，FDM 工艺 3D 打印设备的种类日渐丰富。为更好地比较不同品牌 3D 打印设备的性能，可通过以下测试项目对 FDM 工艺 3D 打印设备进行综合性能评测。

1. 打印速度测试

在打印测试模型中，以喷头在工作台中出丝瞬间为打印起始时间，以喷头离开工作台瞬间为打印终止时间，喷头在工作台中做直线运动的长度与起止时间的比值即为打印速度。

2. 稳定性测试

在打印两个分离的特征时，喷头从一个特征快速跳转到另一个特征，容易产生抖动或不稳定运动，因此，喷头从一个特征的位置点跳转到另一个特征的位置点的位置精度是衡量打印稳定性的重要标准，两个特征之间实际位置距离与理想位置距离偏差越小，稳定性越好。

3. 尺寸精度测试

尺寸精度测试主要评价设备 X 轴与 Y 轴协同配合的能力，以及 Z 方向的尺寸极限误差。即以两个嵌套三角形为主要结构特征，测量两个三角形各自三条边的高度、大三角形三条边的边长共九个数值，并与标准值对比，计算偏差值，偏差值之和越小，尺寸精度越高，如图 1-4-6 所示。

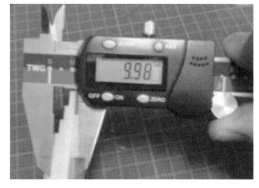

图 1-4-6 尺寸精度测试

4. 配合间隙精度测试

配合间隙精度测试以孔轴配合为测试对象，规定了孔内径与轴外径之间不同的间隙值（分别为 0.4 mm、0.3 mm、0.2 mm 和 0.15 mm）。间隙值越小，表示对设备的精度要求越高，孔与轴配合越紧。测试时使用专业校准后的压力计对轴进行下压，以挤压出轴的困难程度来判断设备的配合间隙精度，压力计数值越小，配合间隙精度越高。

5. 精细结构测试

打印外径 20 mm、高 50 mm 的圆锥体模型，测量其成形高度，并与标准值对比，计算偏差值，偏差值越小，说明设备打印精细结构的能力越强。

 思考与练习

模型与工作台之间的摆放角度是否越大越好？为什么？

任务五 测试 FDM 工艺 3D 打印设备的加工精度

 学习目标

1. 掌握 FDM 工艺 3D 打印设备加工精度检验及评估方法。
2. 能根据偏差统计表绘制统计图。

 任务引入

当 FDM 工艺 3D 打印设备打印齿轮、轴承等装配零件，或者对打印零件有一定尺寸精度要求，或者验收设备是否达到标称精度时，都需要进行精度检验。加工精度测试是 FDM 工艺 3D 打印设备精度检验的一项重要内容，本任务依据《熔融沉积快速成形机床 精度检验》（GB/T 20317—2006）对 FDM 工艺 3D 打印设备进行加工精度测试。

任务实施

一、试件的结构和尺寸

试件精度测试参照采用国际上通用的 USER-PART 精度测试件的评估方法，其结构和尺寸如图 1-5-1 和表 1-5-1 所示。使用三维建模软件创建试件的三维模型。

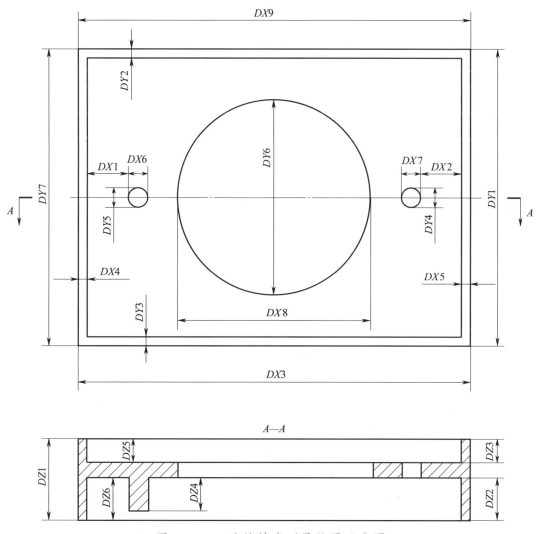

图 1-5-1　试件精度测量位置示意图

▼ 表 1-5-1 试件精度测试表

单位：mm

测量位置 X 方向	理论值	测量值	测量位置 Y 方向	理论值	测量值	测量位置 Z 方向	理论值	测量值
DX1	10.5		DY1	75		DZ1	20	
DX2	10.5		DY2	2		DZ2	10	
DX3	100		DY3	2		DZ3	6	
DX4	2		DY4	5		DZ4	8	
DX5	2		DY5	5		DZ5	6	
DX6	5		DY6	50		DZ6	10	
DX7	5		DY7	75				
DX8	50							
DX9	100							

精度要求：测试的尺寸允差为 ±0.2。

测量工具：游标卡尺 125/0.02。

二、试件制作

FDM 工艺 3D 打印设备经过调试检查后，将处理好的试件模型数据文件导入设备，在工作台中心位置和四个角中任意一个角的位置各打印一个如图 1-5-1 所示的试件。

三、试件精度测量

打印后的试件经简单去毛刺，用测量工具按照图 1-5-1 所示位置对试件进行测量，并将测量数据填入表 1-5-1 中。注意：圆的测量需要测量互相垂直的两个方向的数据。

四、测试数据的统计分析

1. 统计偏差频次

由测量值与理论值计算出偏差值，并将偏差出现的频次统计后填入表 1-5-2 中。

▼ 表 1-5-2　偏差频次统计表

偏差 /mm	>-0.32 ~ -0.28	>-0.28 ~ -0.24	>-0.24 ~ -0.20	>-0.20 ~ -0.16	>-0.16 ~ -0.12	>-0.12 ~ -0.08	>-0.08 ~ -0.04	>-0.04 ~ 0
频次								
偏差 /mm	>0 ~ 0.04	>0.04 ~ 0.08	>0.08 ~ 0.12	>0.12 ~ 0.16	>0.16 ~ 0.20	>0.20 ~ 0.24	>0.24 ~ 0.28	>0.28 ~ 0.32
频次								

2. 绘制偏差频次分布图

以偏差值为横坐标，以频次数为纵坐标，绘制偏差频次分布图（见图 1-5-2）。

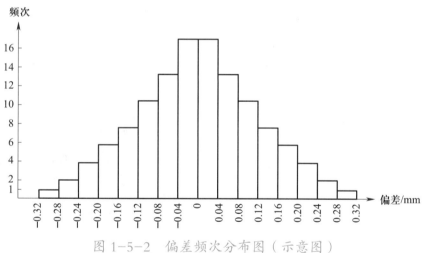

图 1-5-2　偏差频次分布图（示意图）

3. 统计误差累积百分比

由表 1-5-2 的偏差及频次计算出误差及其累积百分比，填入表 1-5-3 中。

▼ 表 1-5-3　误差累积百分比统计表

误差 /mm	0 ~ 0.04	0 ~ 0.08	0 ~ 0.12	0 ~ 0.16	0 ~ 0.20	0 ~ 0.24	0 ~ 0.28	0 ~ 0.32
次数								
累积 %								

4. 绘制误差累积分布图

以误差值为横坐标，以累积百分比为纵坐标（置信度），绘制误差累积分布图（见图 1-5-3）。

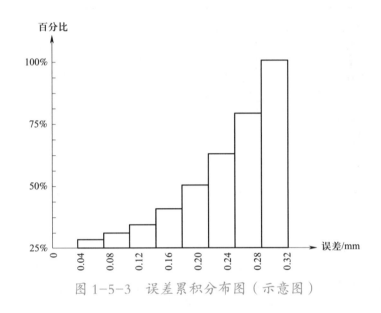

图 1-5-3　误差累积分布图（示意图）

5. 合格判据

从误差值为合格（±0.2 mm）的那一点起，作平行于纵坐标的平行线，与曲线相交，通过交点求出置信度。若置信度大于 80%，试件符合要求。否则应进行试件尺寸补偿或者设备调试后再次进行加工精度测试，直至合格。

任务六　诊断与排除 FDM 工艺 3D 打印设备的故障

 学习目标

1. 掌握 FDM 工艺 3D 打印设备常见故障与排除方法。
2. 能快速诊断、排除 FDM 工艺 3D 打印设备的故障。

任务引入

FDM 工艺 3D 打印设备在使用过程中经常会出现一些故障。本任务学习诊断 FDM 工艺 3D 打印设备的故障及排除故障的方法。

相关知识

在 FDM 工艺 3D 打印设备使用过程中，由于操作不当或设备自身原因，会出现不同的故障，FDM 工艺 3D 打印设备常见故障及排除方法见表 1-6-1。

▼ 表 1-6-1　FDM 工艺 3D 打印设备常见故障及排除方法

序号	故障现象	故障原因	排除方法
1	接通电源后，电路板、显示屏无反应	线头松动	断开电源，接好松动的线头
		电源插座熔断器损坏	更换熔断器
		电源模块损坏	更换电源模块
		电路板损坏	更换电路板
2	打印时中途暂停一段时间后又恢复正常工作	打印第一层的温度和打印其他层的温度设定不一致	将温度设定为一致，保持统一
		喷头温度设置过低，打印材料不能熔融	将打印温度调高，或将下限温度调低
3	打印温度升不高	加热棒和热敏电阻的引线及延长线之间的压接端子接触不良	重新接线或压紧压接端子
		加热棒故障	更换加热棒
4	喷头卡料或不能顺利挤料	送丝步进电动机转向错误	按说明书调整步进控制接线顺序
		喷头堵塞	将喷嘴处残料清除，将喷嘴内部的余料加热熔化后挤出
		送丝轮和压丝轮的间隙过大	松开压丝轮固定螺钉，调整位置后再固定；更换压缩弹簧
		送丝步进电动机扭矩不足	通过拨码开关调大送丝步进电动机工作电流

续表

序号	故障现象	故障原因	排除方法
5	打印过程中出现丢步现象	打印速度过快	适当降低打印速度
		步进电动机的电流过大或过小	通过拨码开关调整电流大小至正常
		同步带过松或过紧	调整同步带张紧程度至正常
6	打印过程中喷头发出异响	丝材不合格	更换质量合格的丝材
		残留在喷头内的丝材碳化	用通针清理喷嘴内部残料
		喷头散热不良	增大散热风扇转速或更换散热风扇
		换料时残料没有清理干净	清理干净残料
		送丝轮磨损或残料过多导致扭矩不足	更换送丝轮或清理送丝轮上的残料
7	打印产品出现很有规律的纹路	Z 轴丝杠变形	校直丝杠（难度大）或更换新丝杠
		分层切片软件设定每一个分层的起点和终点重合	在分层切片软件设置优化打印顺序
8	第一层黏结不牢，被喷头带走	喷头和工作台的间隙太大	重新调平工作台；在分层切片软件中降低起始层高度或加大底层走线宽度
		第一层的打印速度过快	降低打印速度
		打印温度设置过低，丝材熔融状态不佳	按照材料重新设置打印温度
		工作台附着力不够	在工作台上涂抹固体胶，或更换工作台耐高温贴纸
9	显示屏上提示报错，温度显示 0 ℃或 380 ℃	显示"Err：MINTEMP"，可能是热敏电阻的引线及延长线接线错误	将正负极线互换位置后接好
		显示"Err：MAXTEMP"，可能是加热棒的引线及延长线之间的压接端子接触不良、漏接或断路	接好引线及延长线，或更换加热棒
10	打印过程突然中断	断电	接通电源
		使用数据线打印时，电脑卡顿、死机、休眠等	使用 U 盘或 SD 卡打印
		数据线没有电磁干扰滤波器，传输信号受干扰	使用屏蔽数据线连接
		电源功率不足	更换电源模块

续表

序号	故障现象	故障原因	排除方法
11	步进电动机抖动，声音大	步进电动机相序接错	按照说明书调整步进电动机相序
		零点与回零位置不匹配	设置匹配的零点位置
12	工作台中间凸起	工作台中间凸起	校平工作台，或更换耐高温贴纸
13	打印过程中不出丝	丝材被缠住	理顺丝材
		打印材料含有杂质	去除含有杂质的丝材段，或更换质量合格的丝材，重新送丝
14	喷头剐蹭工作台	Z 轴回零不正确	重新进行工作台回零
		工作台平面度不符合要求	校平工作台
15	打印产品有凸点，不光滑	打印材料含有杂质	去除含有杂质的丝材段，或更换质量合格的丝材
		喷嘴里混有杂质	清理干净喷嘴
		喷嘴质量不合格	更换质量合格的喷嘴
16	打印过程中拖丝或黑丝	打印参数没有设置丝材回抽选项	在分层切片软件设置丝材回抽选项
		温度设置过高	按照材料重新设置打印温度
17	温度接近235 ℃时突然降低	热敏电阻的引线及延长线与接口之间接触不良	接好引线及延长线
		热敏电阻故障	更换热敏电阻

任务实施

  FDM 工艺 3D 打印设备在打印过程中突然中断，三轴均停止运动，但设备并未断电。根据表 1-6-1 中的故障现象及排除方法诊断并排除上述故障。注意：电路检查前切记先断电，确保电路接线正确和牢固，并在教师的指导下安全操作。

一、观察故障现象

  FDM 工艺 3D 打印设备在打印过程中突然中断，三轴均停止运动，但设备并未断电。

二、分析故障原因，确认故障点

  上述故障现象可能的故障原因包括：断电、数据线或电脑故障、电源功率不足、电源损坏等。

1. 若故障原因是断电，则所有显示灯将熄灭，其他设备也同时停止工作。

2. 若故障原因是数据线或电脑故障，则更换正常的数据线或电脑后即可正常打印。

3. 若故障原因是电源功率不足，则喷头及工作台有温度，但温度未达到设定值。

4. 若逐一排查后不是上述三种故障原因，则可能是电源损坏。

逐一排查，判断故障范围，确认故障点。

确认故障点后，分析查明产生故障的确切原因，以免类似故障重复发生。

三、排除故障

根据找到的故障原因和故障点，排除故障。

1. 若是断电故障，应接通电源。

2. 若是数据线或电脑故障，建议使用存储卡等存储介质打印，打印效果更稳定。

3. 若是电源功率不足或损坏故障，应更换电源。

四、复检设备

故障排除后，对设备进行快速全面检查，保证打印过程可靠、稳定。

五、验收

与相关部门或人员配合进行安全验收，并做好相关记录。

 思考与练习

若 FDM 工艺 3D 打印设备打印过程中断电，再次通电后是继续打印还是重新打印，为什么？

SL 工艺 3D 打印设备操作与维护

任务一　绘制 SL 工艺 3D 打印设备结构图

 学习目标

1. 了解 SL 工艺 3D 打印设备的基本工作原理。
2. 熟悉 SL 工艺 3D 打印设备的结构组成。
3. 能绘制 SL 工艺 3D 打印设备的结构简图。

 **任务引入**

　　SL 工艺是最早出现的 3D 打印工艺，其设备在工业上应用也最为广泛。本任务学习 SL 工艺 3D 打印设备的基本工作原理，熟悉设备的结构组成，并绘制 SL 工艺 3D 打印设备的结构简图，加深对 3D 打印技术的理解。

 相关知识

一、SL 工艺 3D 打印设备的基本工作原理

　　SL（stereolithography prototyping），即立体光固化成形，是最早发展起来的快速成形技术。SL 工艺 3D 打印设备采用的是立体光固化成形技术，其基本工作原理是以液态光敏树脂为材料，用特定波长与强度的紫外激光扫描材料表面，使之由点到线、由线到面有序凝固，完成一个层面的固化，然后工作台在垂直方向移动一个层厚的距离，进行另一个层面的扫描与固化。这样不断重复，进行后续层面固化，层层叠加直至完成三维实体的打印。

二、SL 工艺 3D 打印设备的结构组成

SL 工艺 3D 打印设备一般由激光室、成形室、显示屏及控制室等组成，如图 2-1-1 所示。

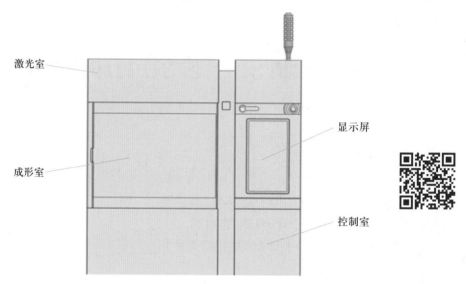

图 2-1-1　SL 工艺 3D 打印设备的结构组成

1. 激光室

激光室主要用于产生激光并控制激光光束在 XY 平面的扫描路径，由激光器、振镜和动态聚焦镜等构成，如图 2-1-2 所示。

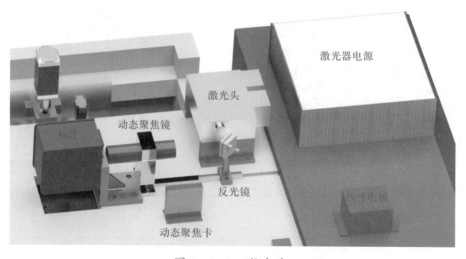

图 2-1-2　激光室

2. 成形室

成形室主要用于打印和放置产品，由 Z 轴升降系统、涂铺系统、液位检测及控制系统、树脂槽和工作台等构成，如图 2-1-3 和图 2-1-4 所示。其中，Z 轴升降系统用于实现层层堆叠辅助运动；涂铺系统用于刮平光敏树脂液面，使打印材料均匀，并去除多余气泡；树脂槽为打印提供材料和成形空间。产品在工作台上堆叠成形，成形后从工作台上铲出。

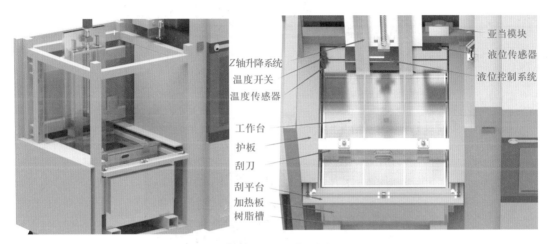

图 2-1-3　成形室

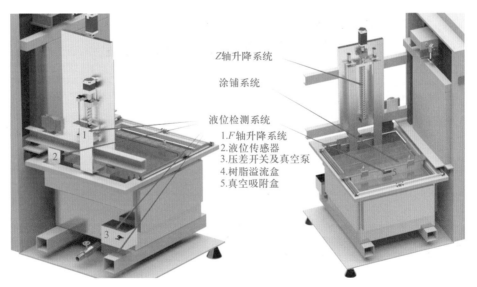

图 2-1-4　成形室部分系统组成

3. 显示屏

显示屏主要用于显示打印过程关键参数及实时情况，如图 2-1-5 所示。

图 2-1-5　显示屏

4. 控制室

控制室主要用于控制整机运动，是 SL 工艺 3D 打印设备的重要组成部分，如图 2-1-6 所示。

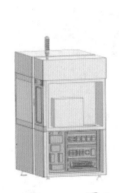

图 2-1-6　控制室

三、SL 工艺 3D 打印设备的控制系统

SL 工艺 3D 打印设备的控制系统主要包括振镜控制、激光器控制、树脂温度控制、轴控制，见表 2-1-1。

▼ 表 2-1-1　SL 工艺 3D 打印设备控制系统的功能与作用

控制系统	功能	作用
振镜控制	在振镜坐标系下，通过指定目标位置控制振镜的偏转角度，获得不同的光斑投影位置	（1）精确操作：跳转至编辑框中输入的目标位置 （2）快速操作：先快速跳转至四个拐角或中心位置，然后向指定方向移动一个单位距离

续表

控制系统	功能	作用
激光器控制	控制当前激光器的功率，通过调节激光器的功率来调节激光的强弱	（1）开光 / 关光：控制激光器是否输出激光 （2）检测激光器功率：设置目标功率，获取功率探测器值和当前功率
树脂温度控制	控制树脂温度在目标温度左右，开机后默认启动调节	（1）当前温度：树脂当前温度 （2）目标温度：温度调节的目标值 （3）开始调节：启动温度调节器，树脂温度低时进行加热 （4）停止调节：停止温度调节，树脂自然冷却逐渐接近室温
轴控制	控制 Z 轴升降系统、液位控制系统和涂铺系统的运动	（1）轴使能 锁定：轴电动机带电，只能由软件控制电动机 解锁：轴电动机断电，可手动拖拽轴运动 （2）运动至限位 回正限位：轴运动至正限位位置 回负限位：轴运动至负限位位置 （3）指定距离运动：选择步进类型，或输入指定步进距离，点击运动按钮

 任务实施

绘制 SL 工艺 3D 打印设备的结构简图，并标出各组成部件的名称。

 思考与练习

简述 SL 工艺 3D 打印设备的基本工作原理。

任务二　操作 SL 工艺 3D 打印设备

 学习目标

1. 了解 SL 工艺 3D 打印的工艺流程。
2. 能正确操作 SL 工艺 3D 打印设备。

任务引入

　　本任务导入已经设计好的三维模型数据文件，正确操作 SL 工艺 3D 打印设备，打印如图 2-2-1 所示的镂空花瓶样品，材料为光敏树脂，要求打印产品形状完整，曲面光滑，无翘边。

 相关知识

一、SL 工艺 3D 打印设备的坐标系

图 2-2-1　镂空花瓶样品

1. SL 工艺 3D 打印设备坐标系的定义

　　在操作设备的过程中，使用不同的坐标系分别定义不同的运动，SL 工艺 3D 打印设备的坐标系主要分为工件坐标系和振镜坐标系。

　　（1）工件坐标系。工件坐标系是针对用户规定的，遵循右手直角坐标系法则。如图 2-2-2 所示，用户站在设备正面，伸开右手，掌心朝上，中指朝上，大拇指指向为 X 轴的正方向，食指指向为 Y 轴的正方向，中指指向为 Z 轴的正方向。

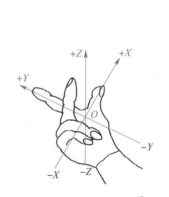

图 2-2-2　工件坐标系

　　（2）振镜坐标系。振镜又称为激光扫描器，由 XY 光学扫描头、电子驱动放大器和光学反射镜片组成。工业控制计算机提供的信号通过驱动放大电路驱动激光扫描器，控制激光光束角度偏转实现激光在 XY 平面的扫描。振镜坐标系是针对调试人员规定的，主要用于调试人员单独控制振镜时能按照振镜坐标系来控制激光光斑运动位置，如图 2-2-3 所示，激光

光束输入的反方向定义为振镜坐标系 Y 轴的正方向，激光光束输出的反方向定义为 Z 轴的正方向，X 轴的正方向按照右手直角坐标系法则来确定。

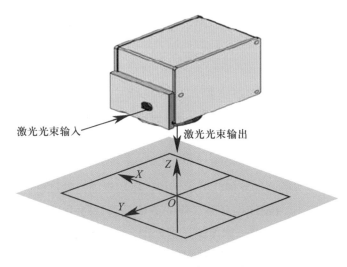

图 2-2-3　振镜坐标系

2. 轴运动方向的定义

工件坐标系规定与用户面朝一致的方向为 Y 轴正方向，用户背对的方向为 Y 轴负方向，向上为 Z 轴正方向，向下为 Z 轴负方向，其他相关轴运动方向定义如下：

（1）工作台：定义为 Z 轴，上正下负。

（2）液位控制：定义为 F 轴，上正下负。

（3）涂铺运动：定义为 B 轴，前正后负。

二、SL 工艺 3D 打印的工艺流程

与 FDM 工艺 3D 打印的工艺流程类似，SL 工艺 3D 打印的工艺流程一般分为五个阶段：三维模型创建、三维模型数据导出、数据文件处理、紫外光固化成形、产品后处理，如图 2-2-4 所示。

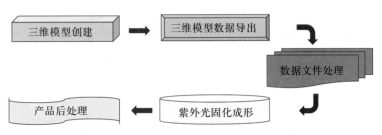

图 2-2-4　SL 工艺 3D 打印的工艺流程

1. 三维模型创建

三维模型的创建通常有正向和逆向两种途径。正向设计是利用计算机辅助设计软件设计三维模型，常用的正向设计软件有 UG、CERO 和 SolidWorks 等；逆向设计是根据已有实物的三维扫描数据进行重构来获取三维模型，常用的逆向设计软件有 Geomagic Wrap、DesignX 等。

2. 三维模型数据导出

创建好的模型一般是不能直接输入到 3D 打印设备中打印的，需要通过一种特定的文件转换才能实现。因此，在创建完模型后都要进行模型数据的转换，导出数据文件处理所需要的文件格式，这种格式的文件后缀为 stl。

3. 数据文件处理

数据文件处理一般包括添加支撑和分层切片。添加支撑是软件根据造型方向和支撑参数设置，自动生成从工作台延伸到悬空实体的支撑模型。对添加的支撑进行合理性审核后，再对实体模型和支撑进行统一厚度的切片处理，并输出 SL 工艺 3D 打印设备能够识别的 SLC 格式切片文件。这些文件就是指挥振镜控制激光光斑移动的多层轮廓数据和填充数据的集合。根据打印精度、打印速度的需求，分层厚度一般控制在 0.1 ~ 0.3 mm 范围内。

4. 紫外光固化成形

根据 3D 打印设备、打印材料情况，设置好打印参数后，SL 工艺 3D 打印设备根据分层切片文件控制振镜和工作台运动，按照给定的激光功率和扫描速度，对分层数据的轮廓、填充和支撑分层模型进行光固化成形。

5. 产品后处理

主要是去除实体的支撑，对打印产品进行表面处理，如拼接、补土、打磨、上色等，使成形精度、表面粗糙度和外观颜色等达到要求。

 任务实施

一、任务准备

1. 根据任务要求，准备相应的设备、工具、材料及防护用品等，见表 2-2-1。
2. 将 STL 格式的镂空花瓶三维模型数据文件提前拷入 U 盘中。

二、数据处理

上机打印前，首先需要利用数据处理软件 Magics 对 STL 格式的三维模型数据文件进行模型布局、支撑添加和分层切片等处理。

▼ 表 2-2-1　设备、工具、材料及防护用品清单

序号	类别	准备内容
1	设备	计算机（已安装 Magics 软件）、SL 工艺 3D 打印设备（以 SPS600 型为例）、固化箱、电动打磨机
2	工具	U 盘、平铲、毛刷、镊子、刻刀、气枪、砂纸
3	材料	光敏树脂、酒精、清水
4	防护用品	防护手套、防护眼镜

1. 打开 Magics 软件，单击"导入零件"按钮，导入要打印的镂空花瓶模型。

2. 单击菜单栏中"位置"菜单下的"自动摆放"按钮，在弹出的"自动摆放"对话框中，选择"摆放方案"下的"平台中心"单选项，然后单击"确认"按钮将模型摆放到工作台中心，如图 2-2-5 所示。放置后可根据模型大小进行适当缩放。

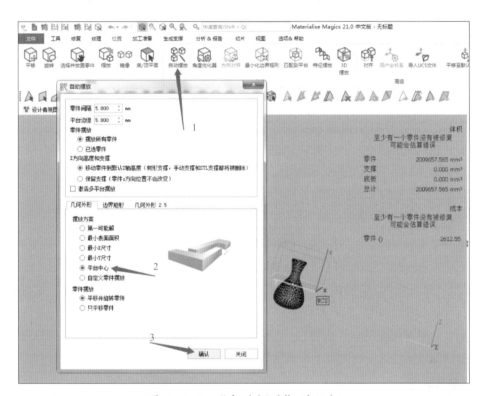

图 2-2-5　"自动摆放"对话框

3. 单击菜单栏中"生成支撑"菜单下的"生成支撑"按钮，自动为模型添加支撑。

4. 单击"导出支撑"按钮，在弹出的"导出支撑"对话框中，输入切片厚度，然后单击"确定"按钮输出 SLC 格式切片文件，如图 2-2-6 所示。

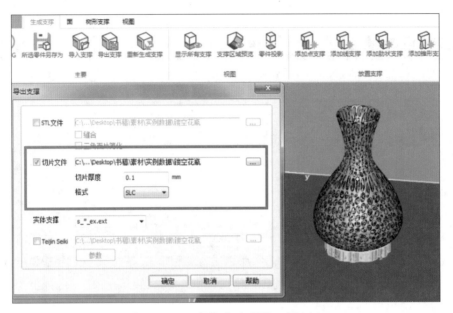

图 2-2-6 "导出支撑"对话框

三、样品制作

1. 开机

按下 SL 工艺 3D 打印设备的启停按钮,其 PLC 控制系统控制电源、工业控制计算机、伺服等模块自动完成启动。各个模块启动完成后,打开工业控制计算机桌面的 RPManager 控制软件,点击软件右下角的启动按钮,启动控制系统,如图 2-2-7 所示。控制系统启动完成后,SL 工艺 3D 打印设备顶部的指示灯由红色变为黄色或绿色。

2. 模型加载

将镂空花瓶模型的 SLC 格式切片文件复制到工业控制计算机中。

在 RPManager 控制软件主界面,单击左侧工具栏中的"加载模型"按钮,在弹出的"加载模型"对话框中,选择镂空花瓶模型的 SLC 格式切片文件,点击"确认"按钮即可加载需要打印的模型,如图 2-2-8 所示。模型加载完成后,可以在中间视图区域看到模型的轮廓外形,还可使用控制软件右侧的"逐层预览"工具进行打印前的仿真和支撑检查,若出现无支撑的白色实体区域,则表示该模型缺少支撑,将导致打印失败。

3. 工艺参数设置

单击工具栏中的"扫描参数"按钮,弹出"工艺参数"对话框,如图 2-2-9 所示,用户可以选择系统提供的默认工艺类型,还可以自行添加工艺类型,选择、编辑工艺库并保存后,即可为当前加载的模型选择某种工艺。大部分情况下,直接选择默认的工艺类型即可。

图 2-2-7 RPManager 控制软件界面

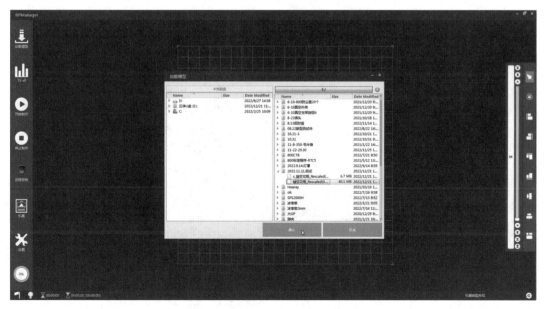

图 2-2-8 "加载模型"对话框

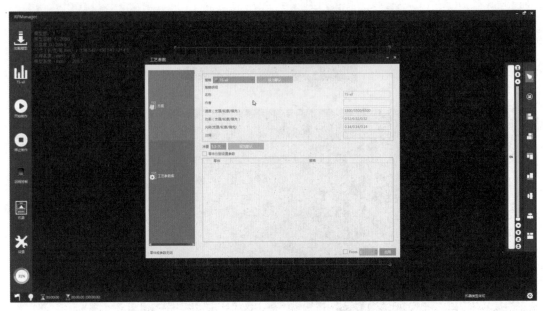

图 2-2-9 "工艺参数"对话框

4. 产品打印

工艺参数设置完成后，单击工具栏中的"开始制作"按钮，开始打印产品，如图 2-2-10 所示。打印过程中可以看到工作台的升降和激光光斑在树脂槽内液面的扫描，中途支持"暂停"和"继续"打印。

图 2-2-10 产品制作界面

打印完成后，工作台升出液面，RPManager 控制软件弹出"制作完成"提示。

5. 关机

产品打印完成后，先关闭激光器电源，再关闭 RPManager 控制软件，最后按下启停按钮，即可关闭 SL 工艺 3D 打印设备。若长时间不使用 SL 工艺 3D 打印设备，应关闭各模块电源开关，最后关闭总电源。

6. 产品后处理（见表 2-2-2）

▼ 表 2-2-2 产品后处理

步骤	说明	图 示
（1）取出产品	使用平铲贴着工作台铲下产品，产品过大时可以先铲开产品的边缘，再扶着产品慢慢撬动，避免使劲掰产品	
（2）去除支撑	将未固化的树脂倒出，去除主要支撑，并晾置 5 ~ 10 分钟	
（3）酒精浸泡产品	浸泡时用毛刷擦拭产品的表面，等到酒精将残余支撑泡软化后将产品取出，用镊子和刻刀等工具将残余支撑去除	

续表

步骤	说 明	图 示
（4）清洗产品	用干净的酒精冲洗，再用气枪吹干	
（5）二次固化	将产品放入固化箱中进行二次固化，根据产品大小和厚度不同，调节固化的时长和转速，一般固化 20 ~ 30 分钟	
（6）打磨产品	使用砂纸或电动打磨机等进行打磨，根据需要进行不同光滑度的打磨，注意力度和打磨厚度，避免影响产品的质量。打磨时应由粗到细，即先粗磨后细磨。打磨后用气枪吹净粉尘，或用水清洗后再用气枪吹干	

打磨后的产品如图 2-2-11 所示，可根据需要对产品进行上色、喷漆、电镀等处理。

图 2-2-11　打磨后的镂空花瓶样品

 思考与练习

简述 SL 工艺 3D 打印设备的操作流程。

任务三　调试 SL 工艺 3D 打印设备

 学习目标

1. 掌握 SL 工艺 3D 打印设备水平度的调整。

2. 掌握 SL 工艺 3D 打印设备光路系统的安装。

3. 掌握 SL 工艺 3D 打印设备运动机构的调试、光路系统的调整、液位控制系统的调试、工作台零位的调整、光斑直径的调整、涂铺系统的调整、扫描系统的标定和补偿系数的调整。

任务引入

SL 工艺 3D 打印设备通常需要经过比较复杂的调试才能正常工作。本任务完成 SL 工艺 3D 打印设备的水平度调整和光路系统安装，进行运动机构调试、光路系统调整、液位控制系统调试、工作台零位调整、光斑直径调整、涂铺系统调整、扫描系统标定和补偿系数调整，以确保 SL 工艺 3D 打印设备正常工作。

相关知识

SL 工艺 3D 打印设备的调试技术要求如下：

1. 调试工作间温度必须保持在 23±3 ℃，配有空调及排气设备，相对湿度要求 40% 以下，配有除湿设备。

2. 调试工作间要求采用白炽灯照明，禁止使用日光灯等含有紫外光源的照明设备，还应安装遮光窗帘，防止太阳光直射。

3. 调试工作间不得存放腐蚀性或易挥发性有毒物质。

4. 调试工作间及附近不允许有振动、灰尘，也不得进行引起振动的操作。

5. 接触导轨、丝杠等精密部件时应戴细棉手套，以防腐蚀。

6. 确保所使用的量具均有计量检定证书，并且在计量有效期内，掌握所用设备、工具的正确操作方法、维护方法和相关注意事项。

7. 调试过程中树脂不得溅到刮平台、护板等部位，如果导轨上沾有树脂，应立即用绸布蘸无水乙醇擦拭干净。

8. 激光器、反射镜、振镜和聚焦镜必须防尘，在操作过程中避免激光直接照射人眼和皮肤。

9. 在伺服电源打开时，严禁用手拖动同步带运动，以防电动机丢步或损坏。

10. 导轨、丝杠必须定期维护，先用绸布清洁导轨、丝杠表面，再向滑块、丝母中注入润滑脂。

11. 用铲刀从工作台铲下产品时要水平用力，不得用力过大，轻铲轻拿。

12. 测量光斑、十字架等标准测试件的尺寸时，须将零件用酒精清洗干净，去除基本支撑，待酒精自然晾干后再进行测量。

13. 在安装零部件及周转过程中，注意轻拿轻放，以防损伤零部件。

14. 需要安装的零部件必须符合产品图纸要求，外购件应有合格证。

15. 调试时应保证整机清洁，清洁方式如下：

（1）机架、喷漆件、喷塑件等用清洁剂擦洗。

（2）电器元件用干抹布擦拭干净。

（3）机加件（如钢件、铝件）、标准件[如螺钉、轴承（不含密封轴承）]用酒精擦洗。

任务实施

一、任务准备

1. 根据任务要求，准备相应的设备、工具、材料及防护用品等，见表 2-3-1。

▼ 表 2-3-1　设备、工具、材料及防护用品清单

名称	规格	数量
框式水平仪	150 mm，0.02 mm/m	1
条式水平仪	150 mm，0.02 mm/m	2
钢直尺	1 000 mm	1
钢直尺	200 mm	1
游标卡尺	150 mm	1
万用表	600 V，自动	1
标定板	600×600	1
活扳手	300 mm	2
活扳手	100 mm	1
内六角扳手套装	9 件套	1
一字旋具		1
十字旋具		1
铲刀		1
镊子		1
温湿度计		1
乳胶手套		10
防护眼镜	防紫外激光	1

2. 根据 SL 工艺 3D 打印设备说明书，准备调试所需的零部件，见表 2-3-2。

▼ 表 2-3-2　零部件清单

名称	代号	数量
激光器	FOTIA-355	1
动态聚焦镜	Scanlab	1
振镜	Scanlab	1
RTC 控制卡	RTC4	1
激光头安装支座	SPS350X-GL-04	2
反光镜组件	SPS350X-GL-FJ-00	2

二、水平度调整

1. 机架水平度调整

机架水平度调整即 SL 工艺 3D 打印设备整机的水平度调整。

设备拆箱后移至指定位置，清理运送过程中的保护性临时固定，检查各运动部位运动是否灵活、外壳有无磕碰等，确认无误后，将设备四角的支腿用扳手升起，使滚轮离开地面，仅用支腿支撑设备。

打开设备后柜门，以如图 2-3-1 左图所示的设备成形室后侧的立板为基准进行调整。调整时需要两人配合，一人将框式水平仪紧贴立板放置，从正面和侧面两个方向测量，如图 2-3-1 右图所示。另一人使用扳手调整机架四个地脚螺栓，通过螺栓的旋转升降来调整机架四个角的高低，如图 2-3-2 所示，顺时针拧动螺栓可以抬高机架，逆时针拧动螺栓可以降低机架。

首先，将水平仪放置在立板后侧平面，调整水平仪位置使其与立板接触平稳并保持位置不变。观察水平仪角部的小气泡位置判断设备左右是否水平。若气泡偏向某一侧，则该侧偏高，调整对应的地脚螺栓使气泡居中。接着，观察水平仪框内的大气泡位置，对设备前后水平进行调整，使气泡居中即可。

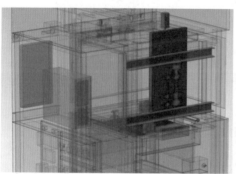 

图 2-3-1 将框式水平仪紧贴立板放置

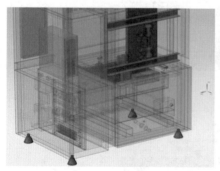 

图 2-3-2 调整机架四个地脚螺栓

然后，将水平仪放置在立板左侧平面，接触平稳并保持位置不变，在此进行前后、左右两个方向水平的调整。

如此重复，直至水平仪在立板后侧和左侧相同位置，两个方向的气泡均居中时，即表示设备整机水平度调整完成，水平度精度达到 0.02 mm。

2. 光路板水平度调整

光路板位于设备顶部，打开设备顶盖后即可看到，如图 2-3-3 左图所示，采用内、外同轴螺钉定位和固定。

如图 2-3-3 右图所示，调整光路板水平度时，将框式水平仪放置在光路板上，接触平稳并保持位置不变。观察水平仪的气泡位置，松开锁紧螺母，通过旋转光路板四角的螺纹管来调整光路板各角的高低，待水平仪在两个方向的气泡均居中时，即表示光路板水平度调整完成，水平度精度达到 0.02 mm，固定锁紧螺母。

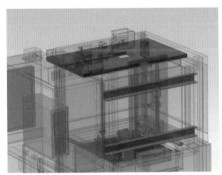

图 2-3-3 光路板水平度调整

3. 刮平台水平度调整

刮平台位置如图 2-3-4 左图所示。

如图 2-3-4 右图所示，调整刮平台水平度时，将条式水平仪放置在刮平台一侧的导轨上，接触平稳并保持位置不变。观察水平仪的气泡位置，通过旋转刮平台下方的螺纹管来调整四角的高低，使刮平台一侧前后达到水平状态。使用相同的方法，将条式水平仪放置在刮平台另一侧的导轨上，进行另一侧前后水平度调整。如此重复，直至刮平台两侧前后水平度均达到精度要求 0.02 mm。

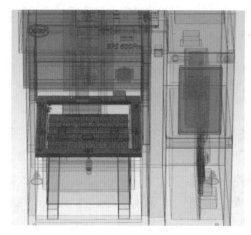

图 2-3-4　刮平台水平度调整

4. 刮刀水平度调整

为确保刮刀在打印过程中保持左右水平，还需要对刮刀进行水平度调整，刮刀滑车梁如图 2-3-5 所示。

调整刮刀水平度时，将框式水平仪放置在滑车梁中间平面上，接触平稳并保持位置不变。先将滑车梁移动至近端（此时设备未接通电源，且工作台位于刮刀下侧不干涉），如图 2-3-6 左图所示，观察水平仪的气泡位置，调整导轨下方与滑车梁接近的螺纹管，待水平仪气泡居中时，表明达到水平状态。再将滑车梁移动至远端，如图 2-3-6 右图所示，按照相同的方法调整至水平状态。至此，刮刀水平度的调整完成。

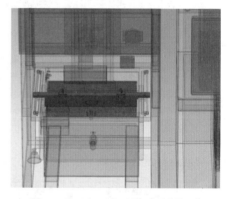

图 2-3-5　刮刀滑车梁位置

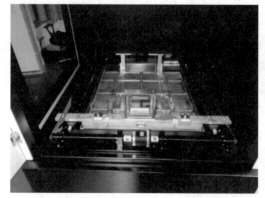

图 2-3-6　刮刀水平度调整

三、光路系统安装

SL 工艺 3D 打印设备的光路系统一般包含激光器、振镜、RTC 控制卡、动态聚焦镜和动态聚焦卡、反光镜组件等，如图 2-3-7 所示。

1. 激光器安装

激光器分为电源箱和激光头两部分，一般采用不可拆卸电缆连接。从包装箱中取出激光器时，需要两人配合分别拿出电源箱和激光头。首先，将电源箱安放在如图 2-3-8 左图所示的隔板上，激光头通过设备框架空隙轻放在光路板上，并用螺钉固定在安装支座上，如图 2-3-8 右图所示。然后，将预留的电源线连接至激光器电源箱。注意：搬运安放时避免激光头磕碰或掉落，轻拿轻放。

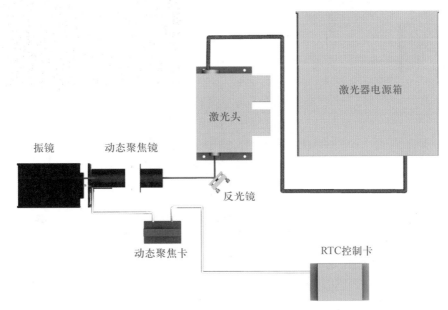

图 2-3-7 SL 工艺 3D 打印设备的光路系统

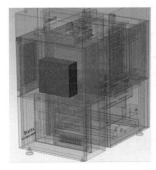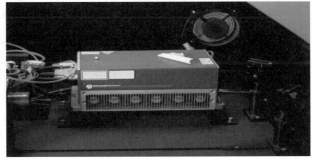

图 2-3-8 激光器电源箱和激光头的安装位置

2. 振镜安装

如图 2-3-9 左图所示，先将定位销插入光路板上的振镜安装支架对应定位孔中，再将振镜从包装箱中轻轻拿出，利用垫高梯将其对接到支架的定位销上，一只手托着振镜避免跌落，另一只手使用固定螺钉将其与支架连接紧固，安装完成后如图 2-3-9 右图所示。

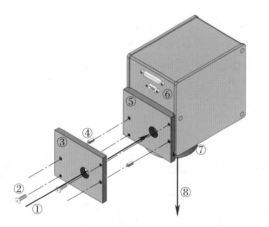

图 2-3-9　振镜安装

①—输入光束　②—固定螺钉　③—振镜安装支架　④—定位销
⑤—连接板　⑥—振镜　⑦—防尘盖　⑧—输出光束

3. 反光镜组件安装

为便于对光路系统进行调整，降低光路系统硬件安装要求，可对激光光束进行一次或二次偏转，即在激光器与动态聚焦镜之间增加反光镜，将激光器发射的激光反射一次，偏转 90°后进入动态聚焦镜。如图 2-3-10 左图所示，反光镜组件由底座、镜片和调节机构组成。反光镜组件安装在光路板上的相应位置，其高度可调，通过如图 2-3-10 右图所示的调节螺钉还可以对激光进行上下、左右微调。

图 2-3-10　反光镜组件安装

4．动态聚焦系统安装

当扫描较大幅面时，为了补偿静态聚焦在打印幅面边缘因光斑拉长为椭圆所产生的精度偏差，SL 工艺 3D 打印设备配有动态聚焦系统。动态聚焦系统根据振镜偏转的角度对基准焦距进行实时补偿，确保打印幅面内光斑为圆形且聚焦准确。

动态聚焦系统由动态聚焦镜（见图 2-3-11 左图）和动态聚焦卡组成，动态聚焦镜的安装位置如图 2-3-11 右图所示（红色部分）。

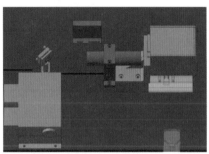

图 2-3-11　动态聚焦镜及其安装位置

安装动态聚焦镜时，先将动态聚焦镜放入安装支架，使调节环朝向振镜，入光口两个螺钉保持水平，如图 2-3-12 左图所示；然后拧紧如图 2-3-12 右图所示的两个螺钉，将动态聚焦镜位置紧固。

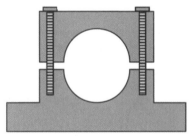

图 2-3-12　动态聚焦镜安装

5．电源及数据线连接

按照如图 2-3-13 所示的连接方法，将工业控制计算机、RTC 控制卡、振镜、动态聚焦镜、动态聚焦卡、线性直流电源依次连接起来。

将振镜 25 针数据线连接至 RTC 控制卡的 VB2 端口，将激光器电源箱的 Q 开关信号线连接至 RTC 控制卡的 VB3 端口，如图 2-3-14 所示。

6．其他线缆连接

显示器、鼠标、键盘等按照计算机组装要求进行连接。

液位传感器、激光功率传感器数据线通过转换模块连接至工业控制计算机 COM 口，如图 2-3-15 所示。

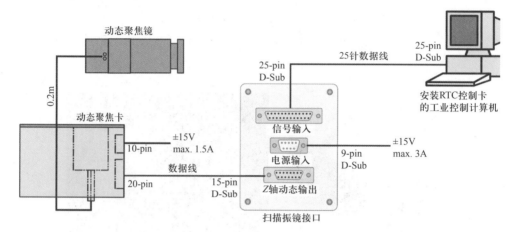

图 2-3-13　振镜及动态聚焦系统连接图

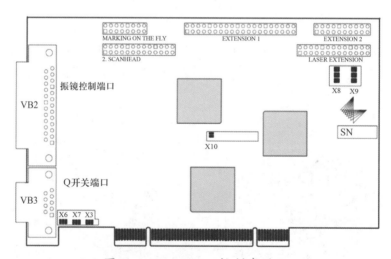

图 2-3-14　RTC 控制卡端口

图 2-3-15　液位传感器、激光功率传感器数据线连接

四、运动机构调试

1. 各轴限位开关及运动情况检查

运行工业控制计算机中的 RPManager 控制软件,选择"机器"菜单栏下方的"高级控制"选项,如图 2-3-16 所示。

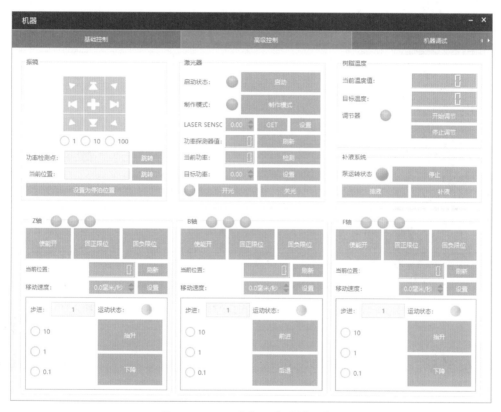

图 2-3-16 "高级控制"界面

在"高级控制"界面的"Z 轴"模块,对 Z 轴(工作台)进行移动,如控制增量进行小步进或者抬升、下降,观察 Z 轴运动方向是否与操作相符。采用同样方法分别操作 B 轴(涂铺运动)、F 轴(液位控制),观察 B 轴、F 轴运动方向是否与操作相符。

2. 机构运动行程测试

选择"机器"菜单栏下的"机器调试"选项,单击"轴距离调试"按钮,如图 2-3-17 所示。

首先选择右侧"工作台零位"模块中的 10 步进,然后单击"下降"按钮,等待工作台下降到刮刀下方后,再依次单击左侧"轴行程"模块中 F 轴、B 轴、Z 轴后的"校准"按钮,系统将自动进行对应轴的运动行程测试,测试完成后,"轴行程"模块中显示对应轴的行程数值。

"设置"按钮:保存显示框中数值为该轴行程。

"校准"按钮：轴进行限位间运动，运动结束后，程序自动保存行程数值。

图 2-3-17　行程测试

五、光路系统调整

设备启动后，利用激光器发出的微弱激光对光路系统进行调整。调整时，应戴好防护眼镜，切记不要目光直视激光，可以用一张灰色纸片辅助观察激光光斑。

1. 反光镜入射调整

调整反光镜高度使激光到达反光镜片中间位置，并将反光镜角度旋转至与激光器出光口成 45°。可以用纸片放置于反光镜片前辅助观察，当观察到有入射和反射两个光斑时，反光镜入射调整完成，如图 2-3-18 所示。

2. 反射光路调整

在 RPManager 控制软件中，选择"机器"菜单栏下的"基础控制"选项，在"光路系统"模块，将光斑移动至中心位置，如图 2-3-19 上图所示。关闭振镜下方的盖板，将纸片放置在振镜正下方，通过调整反光镜后方的调节螺钉（见图 2-3-10 右图），使激光从聚焦镜入光口中心进入，从振镜射出。待纸片上出现如图 2-3-19 下图所示的光斑后，仔细调整反光镜后方的调节螺钉，直至光斑成正圆。

图 2-3-18　反光镜入射调整

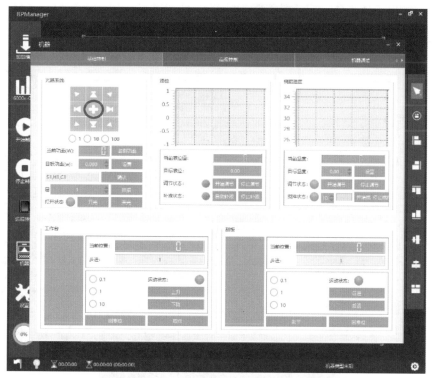

图 2-3-19　反射光路调整

3. 光斑停泊位设置

反射光路调整完成后，移去纸片，打开振镜下方的盖板，使激光进入成形室。在 RPManager 控制软件中，选择"机器"菜单栏下的"高级控制"选项，在"振镜"模块，点击"功率检测点"后的"跳转"按钮，激光光斑即跳转至停泊位。用纸片观察激光是否进入成形室内右上角的光功率测头中心，如果没有进入，使用"基础控制"选项中的移动工具对光斑进行偏移，直至光斑进入光功率测头中心。点击"振镜"模块中的"设置为停泊位置"按钮，将该位置设置为停泊位，如图 2-3-20 所示。

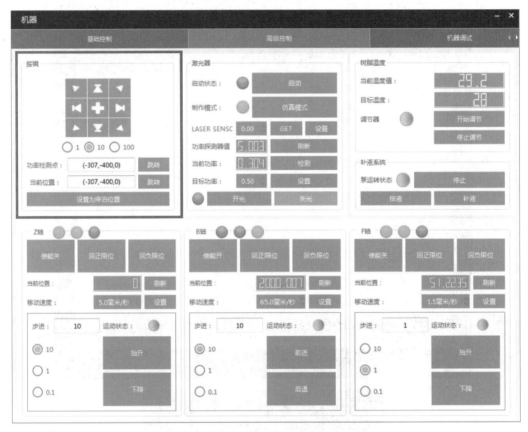

图 2-3-20　光斑停泊位设置

4. 激光器功率校正

在 RPManager 控制软件中，选择"机器"菜单栏下的"机器调试"选项，单击"激光功率"按钮，按如下步骤进行激光器功率校正，如图 2-3-21 所示。

（1）单击"开始校正"按钮，系统自动进行激光功率特征数据采集，待数据采集完成后，单击"生成曲线"按钮，激光功率模块中自动生成一条曲线，单击"保存结果"按钮进行保存。

（2）在"验证"模块的"功率设定值"一栏中输入一个功率值（单位为瓦），单击"检测功率"按钮，检查设定值与检测值是否相等。如果相等，则说明校正功率准确；如果不相等，则重复上述步骤直至验证准确。

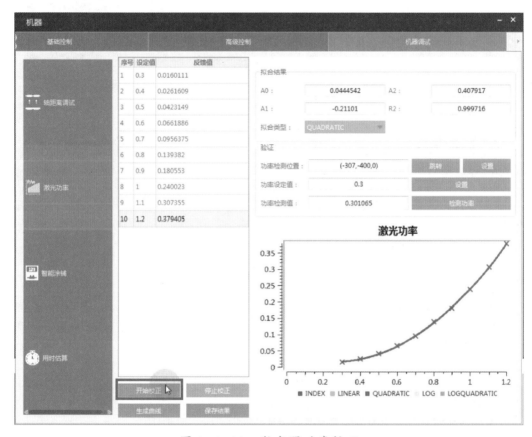

图 2-3-21　激光器功率校正

六、液位控制系统调试

1. 清洗树脂槽

清洗前先拆下工作台网板，关闭树脂槽后方的球阀。戴上口罩，使用 75% 以上浓度的酒精对树脂槽进行清洗，确保干净无杂物。清洗干净后打开球阀排出酒精，并用干净抹布擦干树脂槽和球阀管道。待干燥后关闭球阀，装回工作台网板。

2. 添加树脂

如图 2-3-22 所示，在 RPManager 控制软件中，选择"机器"菜单栏下的"高级控制"选项，在"Z 轴"模块中单击"下降"按钮，调整刮刀与网板间隙约为 5 mm。在"B 轴"模块中，单击"使能关"按钮，解锁 B 轴电动机，然后手动将刮刀缓慢移到工作台后方。

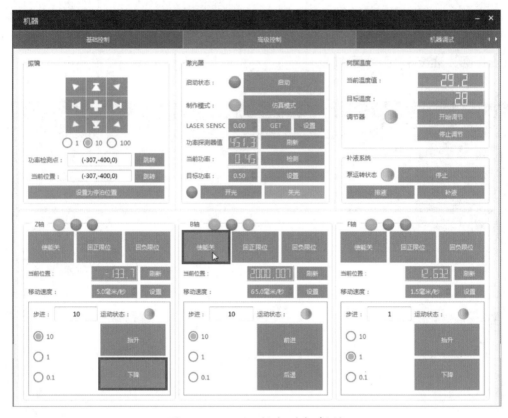

图 2-3-22　*B* 轴电动机解锁

　　戴上乳胶手套，打开树脂桶盖，向树脂槽中缓慢添加树脂（SPS600 型 3D 打印设备需要约 230 kg 树脂），当液面高度与树脂槽内刻度尺红色刻度相持平时停止添加。

　　在添加树脂过程中，应关闭光功率测头盖板，注意不要将树脂溅到刮刀或刮平台导轨等其他部位，如果导轨上沾有树脂，应立即用绸布蘸无水乙醇擦洗干净。

3. 调整液位传感器

　　（1）测量高度调整。如图 2-3-23 上图所示，一人在 RPManager 控制软件中，选择"机器"菜单栏下的"机器调试"选项，单击"轴距离调试"按钮。另一人在设备后方打开右侧后门，找到如图 2-3-23 下图所示的液位传感器，稍微松动螺钉，扶住液位传感器上下轻微移动。前方软件操作人员观察"液位零位"模块中液位传感器值的变化，当检测值达到测量范围中间值后（如量程为 25 ~ 33 mm，则中间值取 29 mm），通知后方设备操作人员固定液位传感器的位置。

　　（2）液位传感器安装稳定性检查。如图 2-3-24 所示，在"液位零位"模块中，每隔5 ~ 10 秒单击一次"液位值"后的"刷新"按钮，观测液位传感器值的变化并记录。当五分钟内液位传感器值的变化范围稳定在 0.03 mm 以内时，说明液位稳定；如果变化较大，则返回上一步重新调整液位传感器测量高度。

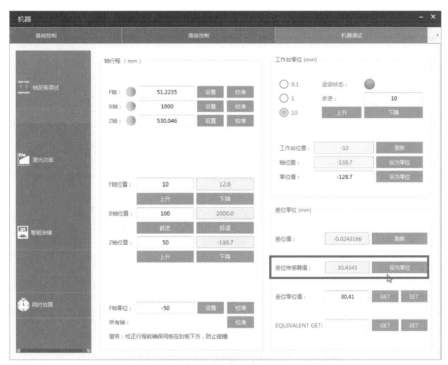

图 2-3-23　测量高度调整

图 2-3-24　液位值稳定性检查

（3）液位零位设置。如图 2-3-25 所示，通过液位传感器安装稳定性检查，确认液位稳定后，即可在"液位零位"模块中，单击"液位传感器值"后的"设为零位"按钮，将稳定的当前液位高度设置为液位零位，即标准液位。

图 2-3-25　液位零位设置

标准液位是后续液位调整的参照标准。例如标准液位为 30.41 mm，当液位传感器检测到当前液位为 30.30 mm 时，将会向 F 轴发出指令带动浮块上移一定的高度来降低树脂液位，使其保持在 30.41±0.05 mm 范围内。

七、工作台零位调整

确定标准液位之后，进行工作台零位的设置。在 RPManager 控制软件中，首先，选择"机器"菜单栏下的"基础控制"选项，在"工作台"模块，缓慢移动工作台，使工作台网板上表面高出树脂液面 0.5 mm 左右。一般可通过观察工作台网板圆孔是否反光来确定高度。

注意：

当工作台上移 1 mm 后仍有部分区域处于树脂液面以下时，需要用旋具对工作台上的调平螺钉进行调整，直至该区域露出树脂液面。

然后，选择"机器"菜单栏下的"机器调试"选项，在"工作台零位"模块，单击"轴位置"后的"设为零位"按钮，设置当前位置为工作台零位，如图 2-3-26 所示。

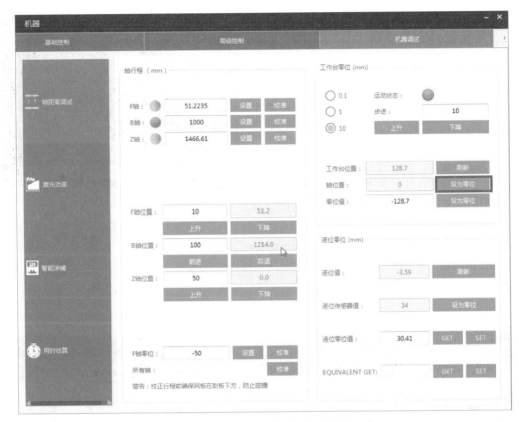

图 2-3-26　工作台零位调整

八、光斑直径调整

1. 光斑测试件打印与测量

在 RPManager 控制软件中，加载光斑测试件文件并开始打印。打印完成后，使用游标卡尺分别测量图示蓝色十字支撑的壁厚，如图 2-3-27 所示。小十字件是通过激光单线单次扫描十字支撑路径后成形的，从而间接得出光斑补偿直径。

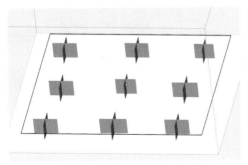

图 2-3-27　光斑测试件模型及使用游标卡尺测量小十字件的壁厚

2. 光斑直径调整

如果测得光斑直径大于 0.15 mm，需要调整动态聚焦镜上的聚焦环，如图 2-3-28 所示，向任意方向旋转一个刻度，再次打印光斑测试件并测量光斑直径，如此循环往复直至光斑直径小于 0.15 mm。

九、涂铺系统（刮刀）调整

图 2-3-28　调整聚焦环

1. 涂铺参数校准

如图 2-3-29 所示，在 RPManager 控制软件中，选择"机器"菜单栏下的"机器调试"选项，单击"智能涂铺"按钮，然后按照下列步骤进行校准：

（1）在"零位距离"模块，校准刮刀零位与模型零位距离。

（2）在"刮平避让距离"模块，校准刮刀对轮廓的避让距离。

图 2-3-29　涂铺参数校准

（3）在"刮平最大位置"模块，校准刮刀无法在正限位停泊的模型临界位置（避免刮刀来回涂浦，导致打印产品容易漂移）。

2. 刮刀高度测试

在 RPManager 控制软件中，导入刮刀测试文件并开启打印，如图 2-3-30 所示。在打印出实体时，通过观察扫描散射的激光光束是否为一条直线及扫描固化的平面是否平整，来判断刮刀高度调整是否合适。如果成形面向上凸起，则说明刮刀过高，需要逆时针转动旋钮降低刮刀；如果成形面向下凹陷，则说明刮刀过低，需要顺时针转动旋钮抬高刮刀。调整后继续观察，直至模型成形面平整后，固定调平螺钉。

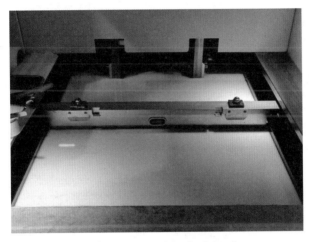

图 2-3-30　刮刀高度测试

十、扫描系统标定

1. 工作准备

（1）排放部分树脂。在 RPManager 控制软件中，选择"机器"菜单栏下的"基础控制"选项，通过"工作台"模块，将工作台移至树脂液面以下 25 mm 处。打开树脂槽后方的球阀，放出部分树脂到空的树脂桶中，直至工作台完全露出树脂液面。

（2）调整标定板水平。将 600×600 的标定板放置在钳工工作台上进行高度调整，直至通过高度尺测得四边高度均为 25 mm。将标定板轻轻置于网板中央，在标定板上放置框式水平仪，如图 2-3-31 左图所示。观察水平仪的气泡位置，调整标定板上的旋钮使标定板保持水平，如图 2-3-31 右图所示。

（3）准备标定文件。将标定文件拷贝到 D 盘根目录下，主要包括以下文件：

1）CorreData.exe（标定程序）

2）correXion.exe（标定计算工具）

3）RTC3DLL.DLL（SCANLAB 动态库）

图 2-3-31　标定板水平度调整

4）D3_273.ctb（振镜标定原始文件，该文件应由 RPBUILD 子目录下拷贝）

5）600-58p.std（标准测试文件）

（4）双击启动标定程序 CorreData。

2. 振镜标定

（1）打开标定程序，单击"加载测试标准"按钮，如图 2-3-32 所示。

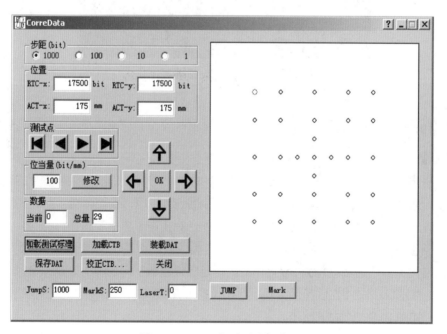

图 2-3-32　标定程序界面

在弹出的"打开标准测试文件"对话框中，选择标准测试文件（600-58p.std），单击
"打开"按钮加载文件，如图 2-3-33 所示。

图 2-3-33　加载标准测试文件

加载完标准测试文件后，界面右侧会显示需要进行标定的数据点，如图 2-3-34 所示。

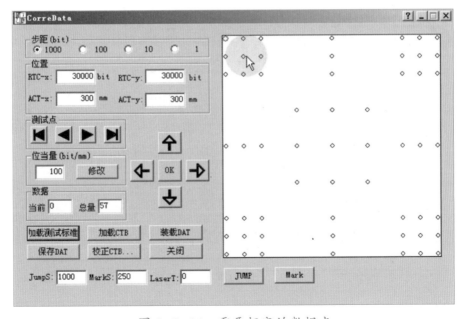

图 2-3-34　需要标定的数据点

（2）单击"加载 CTB"按钮，在弹出的"重新加载 CTB 文件"对话框中，选择振镜标定原始文件（D3_273.ctb），单击"打开"按钮加载文件，如图 2-3-35 所示。

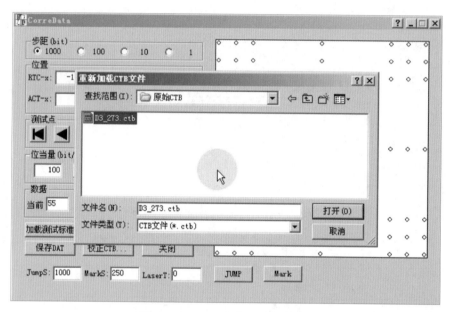

图 2-3-35　加载 CTB 文件

（3）振镜标定。如图 2-3-36 所示，在标定程序界面，选择右侧任意一个数据点，振镜会跳转到其相应位置。

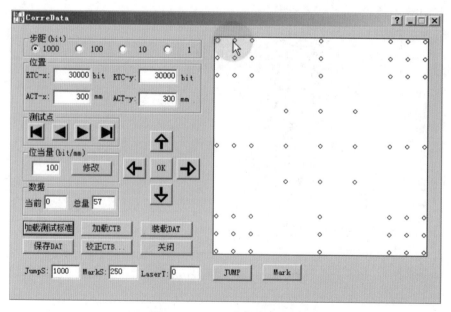

图 2-3-36　选择数据点

首先，选择中心点，观察激光光斑与标定板上对应的十字刻线交叉点是否对齐，如果没有对齐，轻移标定板使其对齐。然后，选择最左侧中间点，观察光斑与该点十字水平线是否共线，如果没有共线，绕中心点轻轻转动标定板使其共线，并来回检查光斑与标定板上十字刻线的位置，直至中心点重合、最左侧中间点共线。

观察光斑实际位置与标定板对应十字刻线位置的偏差，使用标定程序界面中间的微调按钮进行调整。调整时，还可以使用界面左侧上部的"步距"挡位调节单次微调步进距离，此步进距离与分辨率直接相关。在确认微调无误后，单击界面中间的"OK"按钮，对数据点进行记录。该点标定位置被记录后，界面右侧相应的数据点即显示为红色。

 提示：

可以使用界面左侧中间的"测试点"按钮切换数据点，四个按钮分别代表"第一个""前一个""后一个""最后一个"数据点。

待全部数据点记录完成后，标定操作完成。

（4）单击标定程序界面左侧下部的"保存 DAT"按钮，在弹出的"保存 DAT 文件"对话框中输入导出数据的文件名（*.dat），单击"保存"按钮，即可导出当前记录的标定数据，如图 2-3-37 所示。

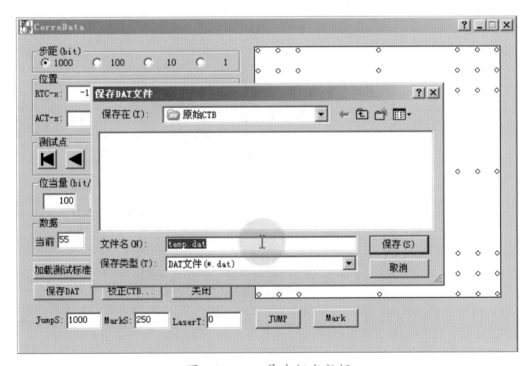

图 2-3-37　导出标定数据

（5）运行 correXion 程序，打开标定计算工具。

（6）如图 2-3-38 所示，在标定计算工具中单击"Load Data File"按钮加载导出的标定数据文件，单击"Calculate CTB"按钮进行数据计算。

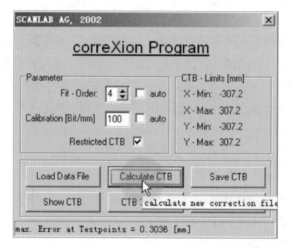

图 2-3-38　计算标定数据

（7）如图 2-3-39 所示，计算完成后，单击"Save CTB"按钮保存计算生成的新标定文件（*.ctb）。检查确认标定误差（max. Error at Testpoints）是否满足标定要求，一般要求误差不大于 0.05 mm。保存完成后，点击"Exit"按钮退出标定计算工具。

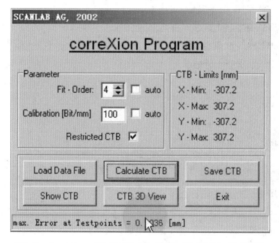

图 2-3-39　保存计算生成的新标定文件

3. 标定完成

若标定误差（max. Error at Testpoints）不满足标定要求，需要再次进行标定。在标定程序中，加载计算生成的新标定文件（*.ctb）再次进行振镜标定步骤，直至标定误差满足标定要求。通常此过程需要重复 2～3 次。

待标定误差满足标定要求后，可将最终标定文件应用于 RPManager 控制软件。在 RPManager 目录下，将最终标定文件（*.ctb）放到 "data/correction" 子目录下，并修改 "settings/rtc.cfg" 文件，修改 "RTC5Controller" 部分的 "Firmware" 条目，将其内容修改为最终标定文件路径，保存退出。重新启动 RPManager 控制软件，启用新的标定文件。

十一、补偿系数调整

1. 添加树脂

将之前放出的树脂添加到树脂槽中，并解锁 B 轴电动机，手动推动刮刀使用真空吸附系统消除树脂液面的小气泡。

2. 精度校验

精度校验是设备标定完成后进一步对精度进行校准的操作，是设备调试的必要内容。具体操作过程如下：

（1）打开 RPManager 控制软件，加载十字架标准测试件模型数据文件，如图 2-3-40 所示。

（2）开启打印，等待十字架标准测试件打印完成。

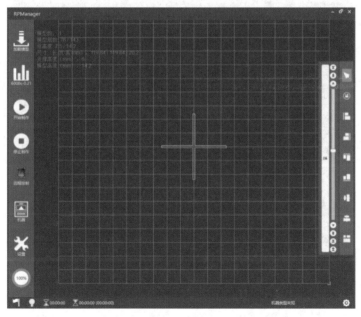

图 2-3-40　加载十字架标准测试件模型

（3）取出十字架标准测试件，用酒精清洗并吹干，然后使用游标卡尺分别测量 X 方向和 Y 方向的尺寸并进行记录，如图 2-3-41 所示。提示：X、Y 方向尺寸的理论值均为 100 mm。

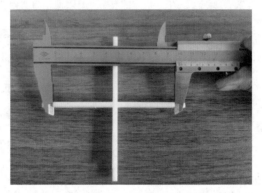

图 2-3-41　测量十字架标准测试件尺寸

（4）打开 RPManager 控制软件参数设置界面，找到 X、Y 方向的补偿系数，如图 2-3-42 所示。

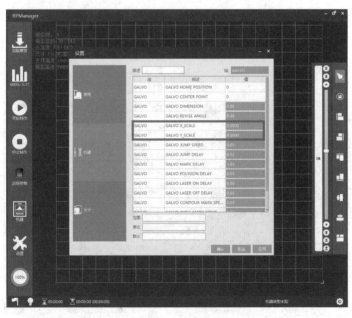

图 2-3-42　X、Y 方向的补偿系数

用 X 方向的理论尺寸除以对应的实际测量尺寸，再乘以 X 方向的原补偿系数（默认为 1）得到新的补偿系数，将新的补偿系数填入 X 方向补偿系数值中。

按照同样的方法确定 Y 方向的补偿系数并填入 Y 方向补偿系数值中。

（5）参数修改完成后，再次开启十字架标准测试件的打印，打印完成后再次进行测量。如此循环往复直至实际测量值符合精度要求。提示：十字架标准件的尺寸偏差范围通常不超过 ±0.1 mm。

 思考与练习

1. 为什么要严格控制调试环境的温度与湿度？
2. 简述振镜的调试过程。

任务四　测试 SL 工艺 3D 打印设备的加工精度

 学习目标

1. 了解立体光固化激光快速成形机床相关技术标准。
2. 掌握 SL 工艺 3D 打印设备加工精度检验及评估方法。

任务引入

本任务依据《立体光固化激光快速成形机床 技术条件》（JB/T 10626—2006）中的机床加工精度检验及评估方法对 SPS600 型 SL 工艺 3D 打印设备进行加工精度测试。

 任务实施

一、试件的结构和尺寸

使用三维建模软件创建 USER-PART 精度测试件的三维模型，其结构和尺寸如图 2-4-1 和表 2-4-1 所示。

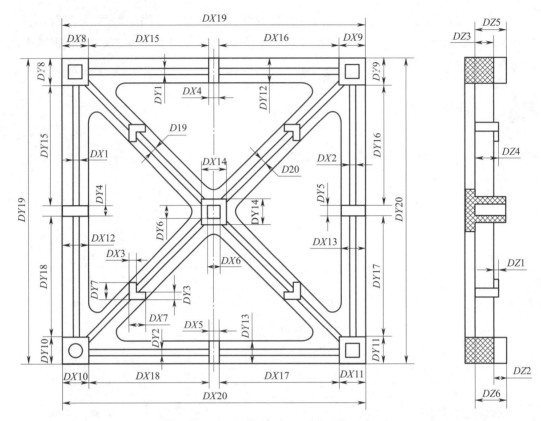

图 2-4-1　试件精度测量位置示意图

▼ 表 2-4-1　试件精度测试表

单位：mm

测量位置 X 方向	理论值	测量值	测量位置 Y 方向	理论值	测量值	测量位置 Z 方向	理论值	测量值
DX1	2		DY1	2		DZ1	2	
DX2	2		DY2	2		DZ2	5	
DX3	3		DY3	3		DZ3	7	
DX4	4		DY4	4		DZ4	9	
DX5	4		DY5	4		DZ5	12	
DX6	5		DY6	5		DZ6	12	
DX7	7		DY7	7		D19	2	
DX8	10		DY8	10		D20	2	
DX9	10		DY9	10				
DX10	10		DY10	10				
DX11	10		DY11	10				

续表

测量位置 X 方向	理论值	测量值	测量位置 Y 方向	理论值	测量值	测量位置 Z 方向	理论值	测量值
DX12	10		DY12	10				
DX13	10		DY13	10				
DX14	10		DY14	10				
DX15	48		DY15	48				
DX16	48		DY16	48				
DX17	48		DY17	48				
DX18	48		DY18	48				
DX19	120		DY19	120				
DX20	120		DY20	120				

精度要求：测试的尺寸小于等于 100 时，允差为 ±0.1；测试的尺寸大于 100 时，其允差为测试尺寸的 ±0.1%。

测量工具：游标卡尺 125/0.02。

二、试件制作

1. 试件三维模型创建完成后，导出 STL 格式文件，再导入 Magics 软件（见图 2-4-2），然后分别在工作台中心位置和四个角中任意一个角的位置各放置一个试件，添加支撑并编辑后，输出用于打印的 SLC 格式切片文件。

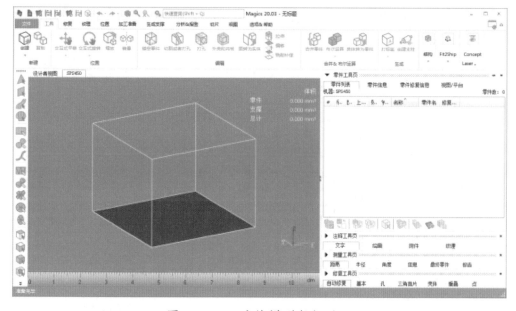

图 2-4-2　试件模型数据处理

2. SL 工艺 3D 打印设备经调试检查、负荷运转试验后，打开 RPManager 控制软件，加载试件 SLC 格式切片文件，并开启打印。

3. 打印完成后，将试件清洗干净，去除底部支撑，并吹干表面清洗剂。

三、试件精度测量

使用量程 125 mm、精度 0.02 mm 的游标卡尺，按照图 2-4-1 所示位置对试件进行测量，并将测量数据填入表 2-4-1 中。

四、测试数据的统计分析

1. 由测量值和理论值计算出偏差值及其出现的频次填入表 2-4-2 中。

▼ 表 2-4-2　偏差频次统计表

偏差 /mm	>-0.12 ~ -0.10	>-0.10 ~ -0.08	>-0.08 ~ -0.06	>-0.06 ~ -0.04	>-0.04 ~ -0.02	>-0.02 ~ 0
频次						
偏差 /mm	>0 ~ 0.02	>0.02 ~ 0.04	>0.04 ~ 0.06	>0.06 ~ 0.08	>0.08 ~ 0.10	>0.10 ~ 0.12
频次						

2. 以偏差值为横坐标，以频次数为纵坐标，绘制偏差频次分布图（见图 2-4-3）。

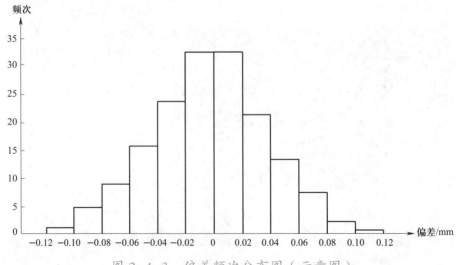

图 2-4-3　偏差频次分布图（示意图）

3. 由表 2-4-2 的偏差及频次计算出误差及其累积百分比，填入表 2-4-3 中。

▼ 表 2-4-3　误差累积百分比统计表

误差 /mm	0 ~ 0.02	0 ~ 0.04	0 ~ 0.06	0 ~ 0.08	0 ~ 0.10	0 ~ 0.12
次数						
累积 %						

4. 以误差值为横坐标，以累积百分比为纵坐标（置信度），绘制误差累积分布图（见图 2-4-4）。

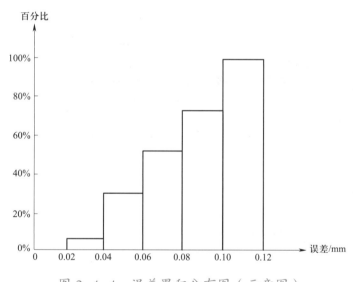

图 2-4-4　误差累积分布图（示意图）

5. 从误差值为合格的那一点起，作平行于纵坐标的平行线，与曲线相交，通过交点求出置信度。若置信度大于 80%，试件符合要求。

 **知识拓展**

3D 打印质量与支撑的关系

1. 支撑的粗细

为保证产品的稳固，通常推荐结构较为稳固的支撑，优先使用块支撑，对于无法添加块支撑的微小区域，可以使用线支撑和点支撑。

2. 支撑的密度

提高支撑的密度，可以保证打印产品的稳固。但是随着密度的增加，材料的消耗也会增加，并且拆除支撑会更麻烦。因此，建议在光滑度要求不高的表面添加更多支撑，如果希望产品表面更加光滑，可以进行打磨处理。

3. 相互连接的支撑

支撑相互连接有利于提高打印的成功率，设置支撑时尽可能将支撑连接在一起，而不是使用单根支撑，因为支撑之间相互连接会降低支撑变形的概率。

4. 树脂特性

树脂材料的选择也是一个重要的因素。例如，选用较硬的树脂可以更好地展现产品细节，其支撑头也较小。

任务五　诊断与排除 SL 工艺 3D 打印设备的故障

学习目标

1. 掌握 SL 工艺 3D 打印设备常见故障与排除方法。
2. 能快速诊断、排除 SL 工艺 3D 打印设备的故障。

任务引入

SL 工艺 3D 打印设备在工作过程中可能出现各种设备故障，本任务学习诊断 SL 工艺 3D 打印设备的故障及排除故障的方法。

相关知识

在 SL 工艺 3D 打印设备使用过程中，由于操作不当或设备自身原因，会出现不同的故障，SL 工艺 3D 打印设备常见故障及排除方法见表 2-5-1。

▼ 表 2-5-1　SL 工艺 3D 打印设备常见故障及排除方法

序号	故障现象	可能的原因	排除方法
1	支撑未能固化在工作台上	1. 工作台零位设置不合理 2. 支撑扫描速度设置不合理 3. 激光功率异常 4. 树脂材料异常	1. 重新设置工作台零位 2. 根据材料合理设置支撑扫描速度 3. 调整激光功率至要求的正常值 4. 对材料进行调整或更换
2	打印第一层实体飘离	1. 数据处理时支撑嵌入深度设置不合理 2. 填充扫描速度设置过高 3. 液位出现大于 0.1 mm 分层厚度的波动 4. 刮刀与液面距离不合理	1. 按照 0.3 mm 设置支撑嵌入深度 2. 根据工艺要求设置合理填充扫描速度 3. 消除液位波动 4. 调整刮刀与液面距离，使之能够正常打印
3	打印产品较软，易变形	1. 打印扫描速度设置较高 2. 激光到达液面功率较低	1. 降低扫描速度 2. 检查光路损耗或调整激光功率
4	打印产品部分特征缺失	1. 存在未加支撑的悬空区域 2. 刮刀底部有异物	1. 对所有悬空区域添加支撑 2. 清理刮刀底部异物
5	打印产品存在不规律错层	1. 打印过程中液位存在异常波动 2. Z 轴导轨有异物阻滞或磨损 3. 电脑系统中病毒	1. 查找异常波动原因，消除液位波动 2. 清除异物，若有磨损，对导轨进行更换 3. 对操作系统进行杀毒处理
6	打印产品存在规律错层	1. Z 轴丝杠及导轨直线度出现问题 2. 振镜供电电压有问题	1. 查找直线度异常原因，并调校其直线度至要求范围 2. 调节供电电压至正常波动范围，使之满足使用要求
7	打印产品的较大平面出现凹陷或者凸起	刮刀不水平	调整刮刀左右、前后方向移动的水平度
8	刮平过程中出现异响	1. 左右同步带与同步带轮张紧程度不一 2. 刮平导轨及同步带有树脂污染	1. 松开同步带夹板，调整同步带张紧程度 2. 用无水乙醇清理被树脂污染的区域，注意无水乙醇不要落入树脂槽中
9	激光功率一直过低	1. 功率传感器有污染或损坏 2. 激光被遮挡 3. 激光器本身衰减	1. 清理被污染区域，若损坏，更换传感器 2. 将光斑移动至工作台中心，检查圆度，若不圆，调节反光镜使光斑为一个完整的圆形 3. 优化激光功率

续表

序号	故障现象	可能的原因	排除方法
10	无法正常开启打印	1. 树脂温度未达到设定值 2. 液位未调整至设定值	1. 等待树脂温度达到设定值再开启打印 2. 调节液位至设定值
11	软件无法控制设备动作	软件未连接设备硬件	点击对应按钮使软件连接设备硬件
12	激光器发出蜂鸣声	环境温度过高或过低	调节环境温度至 23±3 ℃
13	产品被刮坏	1. 刮刀底部有异物 2. 液位异常波动 3. 工艺参数不匹配 4. 真空吸附异常	1. 清理刮刀底部异物 2. 查找波动原因，如周围是否存在振动等，消除液位波动 3. 设置与材料对应的工艺参数 4. 查看刮刀窗口中树脂高度是否正常，如异常，调节其至正常
14	打印过程中异常停止	1. 液位调整超出极限 2. 分层数据异常	1. 检查树脂是否过多或过少，根据情况进行添加或放出 2. 通过仿真检查分层数据是否存在异常，如有异常，调整切片参数后重新输出
15	激光器出口功率与液面功率误差超 40%	光学镜片有污染	使用擦镜纸蘸无水乙醇对镜片进行单一方向擦拭，每擦拭一次更换一片擦镜纸
16	打印产品 X、Y 方向尺寸误差超出正常范围	1. 振镜本身导致的误差 2. 材料收缩导致的误差	1. 对振镜重新进行标定 2. 通过优化工艺参数及强化支撑结构抑制材料本身引起的收缩
17	打印产品 Z 方向尺寸误差超出正常范围	材料本身固化参数导致的误差	根据误差值在数据处理软件中添加 Z 轴补偿深度

任务实施

　　SL 工艺 3D 打印设备在打印过程中，发现打印产品存在规律错层。根据表 2-5-1 中的故障现象及排除方法诊断并排除上述故障。

一、观察故障现象

　　SL 工艺 3D 打印设备在打印过程中，打印产品存在规律错层。

二、分析故障原因，确认故障点

上述故障现象可能的故障原因包括：Z轴丝杠及导轨直线度出现问题、振镜供电电压有问题。

1. 若故障原因是Z轴丝杠及导轨直线度出现问题，则后续打印的所有产品都将出现规律错层。

2. 若故障原因是振镜供电电压有问题，则更换电源后能正常打印。

逐一排查，判断故障范围，确认故障点。

确认故障点后，分析查明产生故障的确切原因，以免类似故障重复发生。

三、排除故障

1. 若是Z轴丝杠及导轨直线度出现问题，应及时对丝杠和导轨进行直线度调校，必要时进行更换。

2. 若是振镜供电电压有问题，应更换线性电源。

四、复检设备

故障排除后，对设备进行快速全面检查，保证打印过程的可靠性及稳定性。

五、验收

与相关部门或人员配合进行安全验收，并做好相关记录。

 思考与练习

1. SL工艺3D打印设备在打印过程中激光器发出蜂鸣声，简述故障处理过程。

2. 为什么排除故障后要对整机进行全面检查？

SLS 工艺 3D 打印设备操作与维护

任务一 了解 SLS 工艺 3D 打印设备的构成

 学习目标

1. 了解 SLS 工艺 3D 打印设备的基本工作原理。
2. 熟悉 SLS 工艺 3D 打印设备的结构组成与技术参数。
3. 熟悉 SLS 工艺 3D 打印设备的控制系统。
4. 能绘制 SLS 工艺 3D 打印设备的结构简图。

 任务引入

SLS 工艺 3D 打印与 SL 工艺 3D 打印很相似，都需要借助激光将物质固化为整体。不同的是，SLS 工艺使用的是红外激光，打印材料包括塑料、蜡、陶瓷、金属或其复合物的粉末。本任务学习 SLS 工艺 3D 打印设备的基本工作原理，熟悉设备的结构组成和控制系统，并绘制 SLS 工艺 3D 打印设备的结构简图，更加深入认识 3D 打印技术的应用场景。

 相关知识

一、SLS 工艺 3D 打印设备的基本工作原理

SLS（selective laser sintering），即激光选区烧结成形。SLS 工艺 3D 打印设备采用的是激光选区烧结成形技术，使用 CO_2 激光器，以固体粉末为打印材料。其基本工作原理如图 3-1-1 所示，打印时，在工作台上平铺一层粉末材料，控制系统控制激光光束对特定区域进行烧结；当一个层面烧结完成后，工作台下降一个层厚的距离，重新铺粉，进行新一个层面的烧结，这样不断循环，直至整个产品烧结完成。

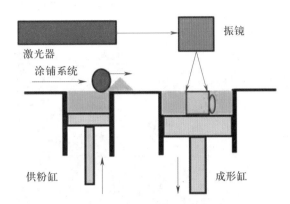

图 3-1-1 SLS 工艺 3D 打印设备的基本工作原理

二、SLS 工艺 3D 打印设备的结构组成与技术参数

1. SLS 工艺 3D 打印设备（见图 3-1-2）主要由四大系统组成，如图 3-1-3 所示。

（1）光路系统：包括激光水冷机、振镜、激光器、红光指示器、扩束镜、反光镜。

（2）成形系统：包括 1 号收料箱、2 号收料箱、供粉缸、电动缸、成形缸、涂铺系统、预热箱、排烟管。

（3）机架结构系统：包括机身支架、地脚、机架水平 1 号面、机架水平 2 号面。

（4）控制系统：包括显示器、操作面板。

图 3-1-2 SLS 工艺 3D 打印设备的外形

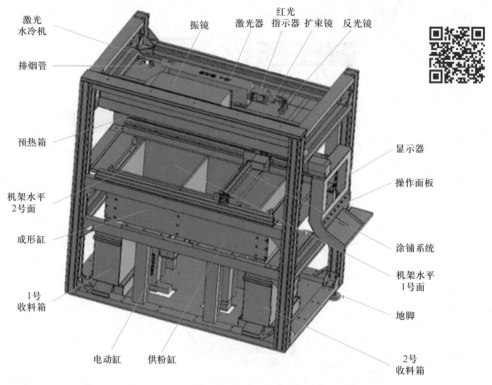

图 3-1-3　SLS 工艺 3D 打印设备的结构组成

2. SLS 工艺 3D 打印设备技术参数见表 3-1-1。

▼ 表 3-1-1　SLS 工艺 3D 打印设备技术参数

X 轴成形尺寸	400 mm
Y 轴成形尺寸	400 mm
Z 轴成形尺寸	350 mm
成形精度	≤ 100 mm 时，±0.2 mm；>100 mm 时，±0.4 mm
扫描速度	2 000 ~ 6 000 mm/s
分层厚度	0.15 ~ 0.35 mm
电压	AC 380 V，50 Hz
功率	6 kW
外形尺寸	1 900 mm×1 100 mm×1 900 mm（长 × 宽 × 高）
粉末加热温度	60 ℃
工作噪音	60 ~ 80 dB

3. SLS 工艺 3D 打印设备的安装及使用环境有一定的要求：设备放置地必须有足够的承载能力，环境温度为 20~28 ℃，环境湿度 ≤ 40%，工作电源为三相五线制 AC 380 V、50 Hz，接地电阻 ≤ 4 Ω。

三、SLS 工艺 3D 打印设备的控制系统

SLS 工艺 3D 打印设备主要由工业控制计算机及操作面板实现控制，其中，操作面板如图 3-1-4 所示，功能说明如下：

Emergency（急停）：紧急情况下整机断电，停止设备各项动作。

CHAMBER LIGHT（照明）：成形腔照明控制旋钮。

SYSTEM ON（使能）：电源开关控制按钮及指示。

LASER ON（激光）：激光器开关控制按钮及指示。

UNLOCK（门锁）：成形腔舱门开关控制按钮及指示。

图 3-1-4　403P 型 SLS 工艺 3D 打印设备操作面板

 任务实施

根据 SLS 工艺 3D 打印设备的结构组成，绘制 SLS 工艺 3D 打印设备的结构简图，并标出各组成部件的名称。

 思考与练习

1. SLS 工艺 3D 打印设备主要由哪些系统组成？
2. 光路系统包括哪些部件？

任务二　安装与调试 SLS 工艺 3D 打印设备的光路系统

 学习目标

1. 了解激光器的种类与特点。
2. 正确选用 SLS 工艺 3D 打印设备的激光器。
3. 熟悉 SLS 工艺 3D 打印设备光路系统的安装与调试方法。

 任务引入

　　光路系统是 SLS 工艺 3D 打印设备的重要组成部分。本任务要求学习分辨激光器的种类，能正确选择 SLS 工艺 3D 打印设备的激光器，完成 SLS 工艺 3D 打印设备光路系统的安装与调试。

 相关知识

一、激光器的种类

　　光路系统是 SLS 工艺 3D 打印设备的重要组成部分，而激光器是光路系统的核心部件。根据激光器工作介质状态的不同，激光器可分为五大类。

1. 固体激光器

　　采用固体激光材料作为工作介质，通过将能够产生受激发射作用的金属离子掺入晶体或玻璃基质中，构成发光中心。

2. 气体激光器

　　采用气体作为工作介质，根据气体中真正产生受激发射作用的工作粒子性质的不同，又分为原子气体激光器、离子气体激光器、分子气体激光器、准分子气体激光器等。

3. 液体激光器

　　这类激光器采用的工作介质主要包括两类，一类是有机荧光染料溶液，另一类是含有稀土金属离子的无机化合物溶液，其中金属离子（如 Nd）发挥工作粒子作用，无机化合物液体（如 $SeOCl_2$）作为基质。

4. 半导体激光器

这类激光器是以半导体材料作为工作介质而产生受激发射作用，即通过一定的激励方式（如电注入、光泵或高能电子束注入），在半导体物质的能带之间或能带与杂质能级之间，通过激发非平衡载流子而实现粒子数反转，从而产生光的受激发射作用。

5. 自由电子激光器

这是一种特殊类型的新型激光器。工作介质为在空间周期变化磁场中高速运动的定向自由电子束，只要改变自由电子束的速度就可产生可调谐的相干电磁辐射，原则上其相干辐射谱可从 X 射线波段过渡到微波区域。

二、SLS 工艺 3D 打印设备用激光器及其特点

SLS 工艺 3D 打印设备使用的是 CO_2 激光器，输出波长为 10.6 μm，功率可从几瓦到几万瓦，光束质量极高，常用来加工非金属材料（对该波长具有很高的吸收率）。

SLS 工艺 3D 打印设备使用的 CO_2 激光器的功率选择几十瓦即可，光斑直径在 0.4~0.5 mm 之间，可用来烧结尼龙、覆膜砂、陶瓷和聚苯乙烯粉末等非金属材料，如图 3-2-1 所示。

图 3-2-1 CO_2 激光器

三、激光器的安全操作注意事项

1. 禁止直视激光，切勿长时间观察以免损伤眼睛。
2. 打印过程中必须佩戴防激光护目镜或通过防护玻璃观察成形状态。
3. 切勿在激光开启的状态下将身体的任何部位置于激光扫描到的区域。
4. 在潜在风险区域操作时需粘贴安全警示标识。
5. 不要在激光工作时安装、连接光纤或准直器等部件。
6. 确保激光器电源线保护地端妥善接地。

7. 连接电源前，确保电源电压符合要求，避免电压错误导致激光器损坏。

8. 若激光器通过水冷方式进行降温，应确保工作环境温度不低于水的凝结温度。

9. 确保工作区域通风良好。

 任务实施

一、光路系统安装

光路系统的安装包括对整机进行调平，保证光路系统的水平度；安装光路系统元器件；安装、配置冷却系统，使激光工作温度可控；连接光路系统电源信号线，控制光路系统元器件运动。具体安装步骤如下：

1. 调整水平

光路系统对整机水平度要求很高，因此，在安装光路系统前，需要对设备整机进行调平。在调平过程中，使用框式水平仪进行水平度调整，通过调整地脚螺栓，控制机架水平度误差在 0.1 mm 内。水平度调整完后，固定螺母防止松动。

2. 安装光路系统元器件

光路系统元器件包括激光器、振镜、反光镜座、扩束镜座、反射镜、扩束镜、红光指示器、激光水冷机等。激光器、振镜等均属于精密仪器，在安装时一定要轻拿轻放，禁止触碰镜片反光面，部分元器件如图 3-2-2 所示。

图 3-2-2　激光器、激光水冷机和振镜

3. 连接冷却系统

光路系统中激光器为高能元器件，工作过程中需要对其进行冷却，因此，必须配置冷却系统实施冷却降温。如图 3-2-3 所示，激光水冷机分别与激光器、振镜连接，注意进、出水口方向，严格按照图纸连接，激光水冷机出水口连接激光器、进水口连接振镜，管接头连接部分应做好防漏水处理。

图 3-2-3　激光水冷机与激光器、振镜连接

4. 连接电源信号线

光路系统电源信号线包括激光器电源线、振镜电源线、激光器开关控制信号线和振镜控制信号线，严格按电器图纸要求连接，接完认真校对检查。注意：走线时强、弱电分开，以避免电磁干扰。

二、光路系统调试

光路系统安装完成后，需对其进行调试。通过调整激光器、振镜及激光器上动态聚焦镜，使激光光束准确有效地投射到工作台零位上。具体调试步骤如下：

1. 调试激光器

激光器需要调平，保证激光器出光口与扩束镜、反射镜及振镜中心在同一水平面上，使其光斑处于镜片的中心，以减小激光能量的损耗。激光器调试通常借助红光完成。

2. 调试振镜

调整振镜位置，使其在自然状态下的中心位置与工作台的中心位置重合，保证振镜水平。

3. 调试动态聚焦镜

打开振镜，调整激光器上动态聚焦镜的位置，寻找最小光斑（即最佳光斑质量），使其投射到工作台零位上，完成光路系统调试。

 思考与练习

1. 简述 3D 打印设备中常用激光器的种类及特点。
2. 简述激光器的安全操作注意事项。

任务三　掌握 SLS 工艺 3D 打印设备的操作方法

学习目标

1. 掌握 SLS 工艺 3D 打印设备的操作步骤。
2. 熟悉 SLS 工艺 3D 打印设备的操作注意事项。

任务引入

本任务要求通过操作 Flight 403P 型 SLS 工艺 3D 打印设备打印如图 3-3-1 所示的齿轮小车模型，掌握 SLS 工艺 3D 打印设备的操作方法与注意事项。材料为尼龙粉末，要求打印产品形状完整，曲面光滑。

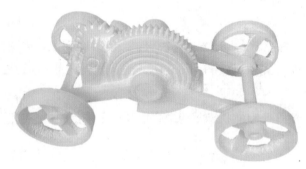

图 3-3-1　齿轮小车模型

相关知识

一、SLS 工艺 3D 打印设备的操作步骤

SLS 工艺 3D 打印设备的操作步骤如图 3-3-2 所示。

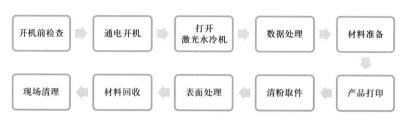

图 3-3-2　SLS 工艺 3D 打印设备的操作步骤

二、SLS 工艺 3D 打印设备的操作注意事项

1. 注意事项

（1）严格按照操作指南及提示进行操作。

（2）在使用设备前，注意警示标识和安全信息。

（3）严禁在开机状态下对设备进行强制关机。

（4）由于 CO_2 激光器发出的激光为不可见光，且功率较大，在设备开启后切勿将手伸入激光器中。

2. 安全防范

（1）禁止触摸振镜和反光镜片。

（2）设备电源为 380 V，通电时，不得碰触强、弱电板，以免发生事故。

（3）操作过程中，应佩戴口罩和手套。

（4）工作时不得触碰光路或烧结空间。

📖 任务实施

一、任务准备

1. 根据任务要求，准备相应的设备、工具、材料及防护用品等，见表 3-3-1。

2. 将 STL 格式的齿轮小车模型文件提前拷入 U 盘中。注意：需修复好 STL 格式文件的破面。

▼ 表 3-3-1　设备、工具、材料及防护用品清单

序号	类别	准备内容
1	设备	Flight 403P 型 SLS 工艺 3D 打印设备
2	工具	U 盘、平铲
3	材料	FS3300 PA 尼龙粉末
4	防护用品	防护手套、防护眼镜、N90 及以上防尘口罩、防尘面罩

二、设备开机

1. 开机前检查

（1）设备的工业控制计算机硬盘可用空间不小于 1 GB（硬盘可用空间过小，建议及时清理）。

（2）氮气（纯度 ≥ 99.9%）够用。

（3）激光水冷机的水位处于安全值内。

（4）设备所处环境温度保持在 20~28 ℃之间，湿度在 40% 以下。

2. 通电开机

将设备背后右侧的主电源开关转到"On"状态，确保设备通电，如图 3-3-3 所示，工业控制计算机主机及显示器同步开启。

打开激光水冷机的电源开关，确保激光水冷机处于工作状态，如图 3-3-4 所示。若未开启激光水冷机，打开 MakeStar P 软件时，系统会发出报警提示"激光冷却水流量过低"，导致设备无法正常工作。

图 3-3-3　设备主电源开关　　　　　图 3-3-4　激光水冷机

检查激光冷却水流量，即观察激光器水流量表（位于设备左侧的气路操作面板上）读数是否在 2.0~4.0 LPM 范围内，如图 3-3-5 所示。如果激光器水流量表读数过低，则说明激光水冷机水位过低或滤芯需要更换。检查激光水冷机水位，若水位过低，则打开激光水冷机加水口，加入蒸馏水后关闭加水口；若水位正常，则说明滤芯需要更换，关闭激光水冷机电源开关，更换滤芯后重新打开激光水冷机。

图 3-3-5　激光器水流量表

三、数据处理

1. 将 STL 格式的齿轮小车模型文件拷贝到工业控制计算机中，如保存路径为 D:\FarsoonSLS\Geometry，如图 3-3-6 所示。

图 3-3-6　拷贝齿轮小车模型文件

2. 打开建模操作系统软件 BuildStar，进入其主界面，如图 3-3-7 所示。

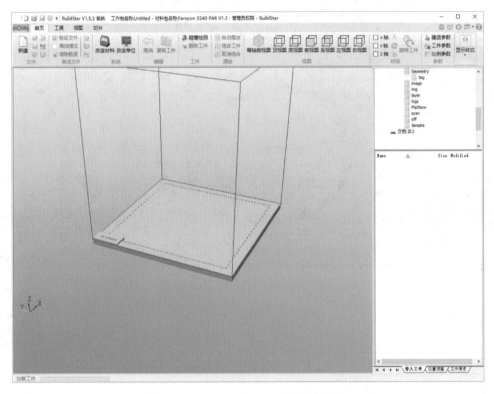

图 3-3-7　BuildStar 软件主界面

3. 单击软件"首页"菜单栏中的"改变材料"按钮，确定建造所用的材料，如图 3-3-8 所示。

图 3-3-8　确定建造所用的材料

4. 在软件主界面右侧的"导入工件"任务栏中，找到 STL 格式齿轮小车模型文件并双击添加到软件建造区内，如图 3-3-9 所示。该建造区代表成形缸的大小，模型不能超出立方体外围虚线。用鼠标右键旋转视角，左键拖动模型进行排列摆放。

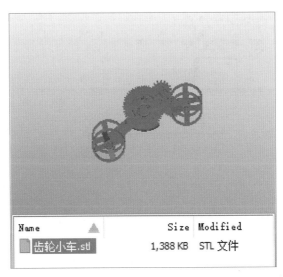

图 3-3-9　导入齿轮小车模型文件

5. 单击"转换 / 旋转工件"按钮，或在"位置调整 / 旋转"模块输入数值，将齿轮小车模型旋转至适合建造的方向，如图 3-3-10 所示。

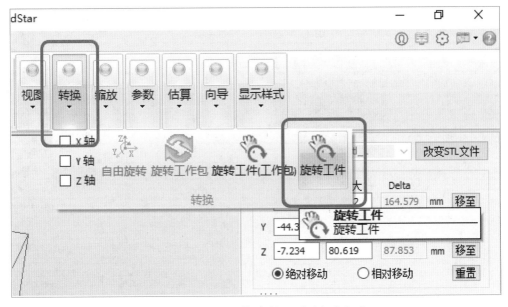

图 3-3-10　调整齿轮小车模型方向

6. 如图 3-3-11 所示，单击"视图 / 顶视图"按钮，将齿轮小车模型拖放至建造区中间位置，并将其 Z 轴归零，使齿轮小车移至工作台平面，如图 3-3-12 所示。

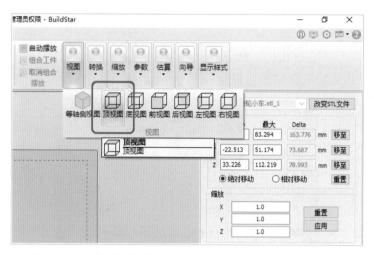

图 3-3-11　调整齿轮小车模型至建造区中间位置

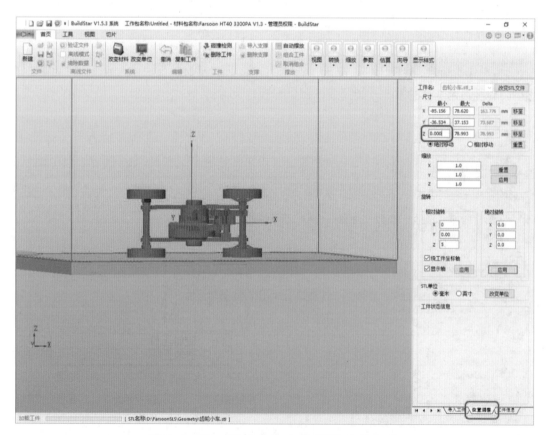

图 3-3-12　调整齿轮小车模型 Z 轴归零

7. 如图 3-3-13 所示，单击"首页"菜单栏中的"验证"按钮，对模型工作包进行碰撞检查，完成后保存为 bpf 格式的文件。

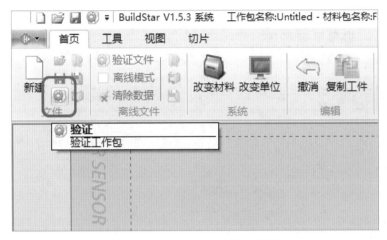

图 3-3-13　模型工作包碰撞检查

8. 单击"切片"菜单栏中的"开始"按钮，模拟整个建造过程并计算建造时间、建造高度及粉末需求量，如图 3-3-14 所示。

图 3-3-14　模型切片

9. 模型切片过程中，单击"显示/扫描工件"按钮，可预览模型的扫描过程，如图 3-3-15 所示。

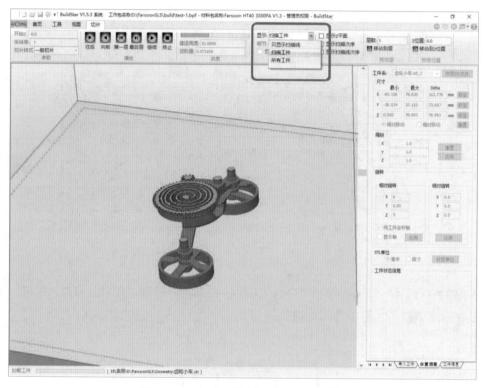

图 3-3-15　预览模型的扫描过程

10. 模型切片结束后，软件界面将显示切片结果，包括总的材料需求量、活塞位置、预热时间、建造时间和冷却时间。单击"终止"按钮，结束预览，如图 3-3-16 所示。

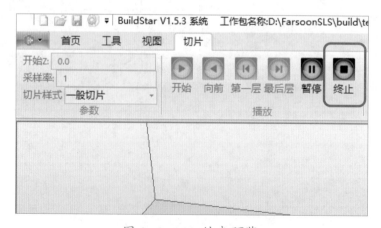

图 3-3-16　结束预览

四、材料准备

1. 粉末用量计算

根据模型切片结果所示总的材料需求量，计算建造所需的粉末用量。

本任务采用 FS3300 PA 尼龙粉末作为打印材料，所需粉末用量（kg）＝总高 ×1.3。

其中：总高 = 预热高度（12.7 mm）+ 建造高度（BuildStar 放置工件后的高度）+ 冷却高度（2.54 mm）。

2. 粉末搅拌

（1）建造所使用的粉末为混合粉，按照混合粉的配比进行配粉。粉末类型说明见表 3-3-2。本任务采用新粉、余粉、溢粉为 2∶2∶1 的比例配粉，当粉量不足时，采用新粉代替。

▼ 表 3-3-2　粉末类型说明

粉末类型	说　　明
新粉	全新的粉末
余粉	建造后成形缸内未成形的粉末
溢粉	铺粉中铺满成形面后，随滚筒带至溢粉缸内的粉末
混合粉	新粉、余粉、溢粉按照特定比例搅拌混合的粉末

（2）粉末准备所需设备为混料机，其结构如图 3-3-17 所示。使用混料机进行粉末搅拌时，首先，打开混料机腔盖，检查并确保腔内干净无杂质、出料口球阀已关紧、装粉桶无杂质。然后，将混合粉装入混料机腔内，合上并扣紧腔盖，检查并确保所有搭扣已扣紧。最后，压下混料机安全装置凸块，混料机方能正常工作。注意：打开腔盖时切勿接触此凸块，以免误令机器运行造成人员受伤；若腔盖合上机器无法正常工作，务必确认此凸块是否压下。

图 3-3-17　混料机结构图
1—搭扣　2—球阀　3—安全装置

（3）设置搅拌时间，以本任务使用的 FS3300 PA 尼龙粉末材料为例，需搅拌的粉末量为 10~40 kg 时，建议设置搅拌时间为 30 分钟。

（4）按下混料机控制器（见图 3-3-18）的启动按钮，混料机将按时间控制器设置好的搅拌时间搅拌粉末，时间结束后自动停止搅拌。

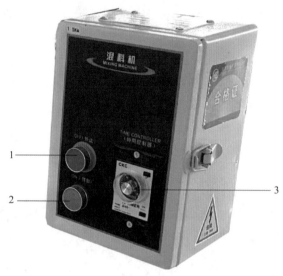

图 3-3-18　混料机控制器

1—停止按钮　2—启动按钮　3—时间控制器

（5）拉下球阀打开出料口，按下启动按钮，粉末缓慢流入装粉桶内。待粉末全部放完或装粉桶装满前按下停止按钮，打开腔盖，用毛刷将剩余粉末刷到装粉桶内。

3. 粉末过筛

粉末过筛所需设备为清粉台，如图 3-3-19 所示。将搅拌好的粉末放入清粉台内过筛，以防粉末中有异物影响建造。筛粉完毕，打开前门，及时取出粉末，装入储存袋或储存桶内。注意：粉末未经过清粉台过筛，禁止上机建造。

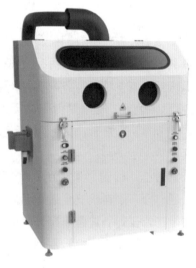

图 3-3-19　清粉台

五、产品打印

1. 打开控制操作系统软件

打开控制操作系统软件 MakeStar P，进入其主界面，如图 3-3-20 所示。

图 3-3-20　MakeStar P 软件主界面

2. 进入手动模式界面

单击"机器"菜单栏中的"手动"按钮，进入手动模式界面，如图 3-3-21 所示。

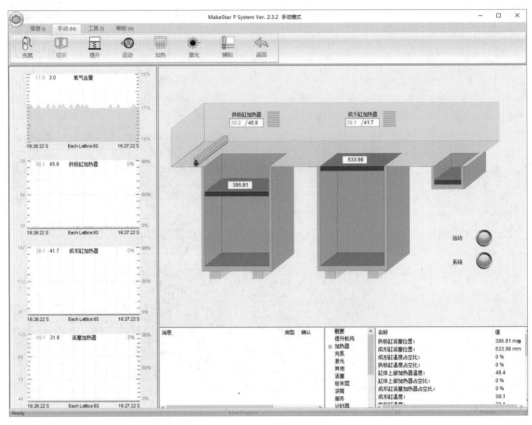

图 3-3-21　进入手动模式界面

3．移出缸体

（1）按下操作面板上的急停按钮（"Emergency"）切断电源，如图 3-3-22 所示；连接缸体与设备上的快速插头，如图 3-3-23 所示；将急停按钮旋转复位，使系统通电。

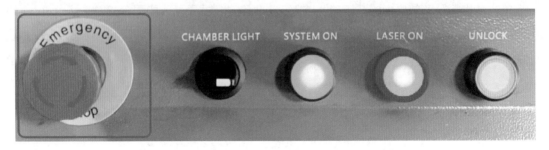

图 3-3-22　按下急停按钮

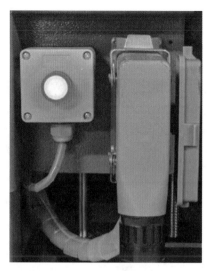

图 3-3-23　连接缸体与设备上的快速插头

（2）单击手动模式界面的"运动"按钮，进入运动控制界面，如图 3-3-24 所示。

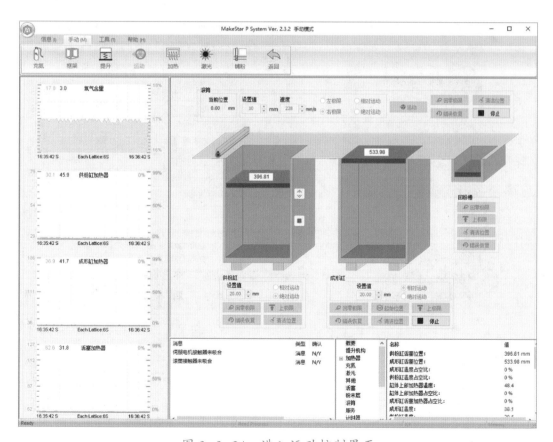

图 3-3-24　进入运动控制界面

（3）按下操作面板上的"SYSTEM ON"按钮，如图 3-3-25 所示，运动控制界面操作选项变为点亮可用状态。

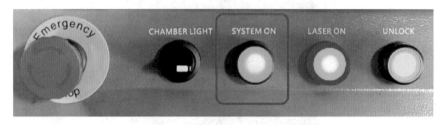

图 3-3-25　按下"SYSTEM ON"按钮

（4）分别选择供粉缸和成形缸两个缸体下方的"绝对运动"选项，在"设置值"框中输入"0"，单击运动箭头使活塞下降；或单击"回零极限"按钮，使活塞直接降至原点位置，如图 3-3-26 所示。

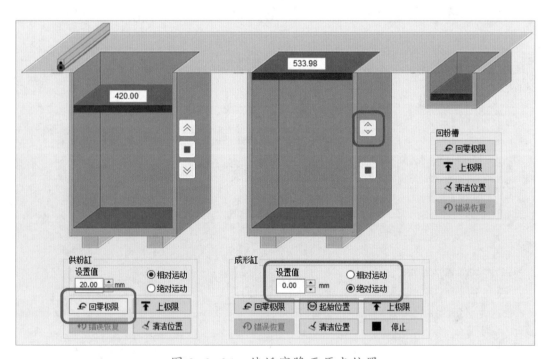

图 3-3-26　使活塞降至原点位置

（5）单击"提升"按钮进入缸体提升界面，分别单击"下极限"按钮，将供粉缸和成形缸降至下极限位，如图 3-3-27 所示。

（6）缸体下降完成后，单击"返回"按钮，退出手动模式；将缸体缓慢移出设备，以便进行建造前清理工作。

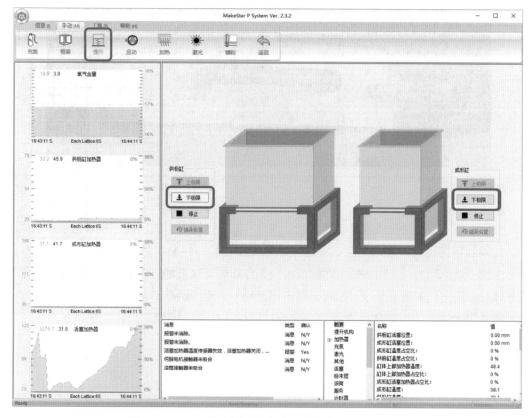

图 3-3-27　将供粉缸和成形缸降至下极限位

4. 建造前清理

（1）清洁红外探头。供粉缸和成形缸腔内上部，分别装有红外探头，以监测工作平面处的表面温度。每次建造前，需清理红外探头。用脱脂棉签蘸无水乙醇，将两处红外探头擦拭干净，擦拭时应轻轻转圈接触镜头，严禁用力过度，如图 3-3-28 所示；待无水乙醇自然挥发后，检查确认探头表面已清洁。

（2）清洁激光窗口镜。每次建造前，应将激光窗口镜抽屉从激光通道上取出，对激光窗口镜进行清洁。

操作时，应佩戴防静电手套。首先，松开激光窗口镜抽屉左右扣件，从激光通道上抽出激光窗口镜抽屉，如图 3-3-29 所示。

图 3-3-28　转圈接触擦拭镜头

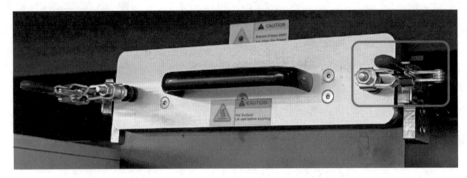

图 3-3-29　抽出激光窗口镜抽屉

　　然后，使用空气球吹掉镜片表面污物。注意：禁止使用工厂的压缩空气吹扫镜片表面污物。如果吹不掉污物，则用无尘布或无尘纸蘸无水乙醇，轻擦镜片表面，如图 3-3-30 所示。注意：避免用力、来回擦拭，同时应控制无尘布或无尘纸划过表面的速度，使擦拭留下的液体立即蒸发，不留下条纹。如果仍除不掉污物，则用脱脂棉签或脱脂棉蘸白醋，用很小的力擦洗镜片表面，再用脱脂棉签擦掉多余的白醋，接着立即用无尘布或无尘纸蘸无水乙醇，轻轻擦拭表面，除去残留的白醋。

图 3-3-30　用无尘布或无尘纸擦拭表面

　　最后，将激光窗口镜抽屉装回激光通道上。注意：安装时，调节左右扣件，确保抽屉内密封圈有大于 2 mm 的压缩量。

　　（3）清洁铺粉滚筒。检查铺粉滚筒清洁度，如滚筒上沾有异物或滚动异常时，需拆卸滚筒，用压缩空气清洁两端轴承。

　　（4）清洁观察窗。如观察窗模糊不清，应及时取下，用无水乙醇擦拭后，立即用抹布或脱脂棉擦干，直至表面清洁干净。

5. 装粉

（1）根据模型切片结果（见图 3-3-31），供粉缸活塞位置为 470.14 mm，为确保粉末充足，供粉缸活塞实际位置应低于 470.14 mm，这样在供粉缸里装满粉末才足够完成本次打印。

图 3-3-31　模型切片结果

（2）将供粉缸活塞下降至 420 mm 处，加入配好的粉末，直至粉末表面与供粉缸缸壁上端平齐，用 φ30 mm 以上的圆棒或其他工具将缸内的粉末压实并刮平粉末表面。注意：操作时应佩戴防尘面罩，以免粉末对人体造成伤害。

（3）将缸体推进设备并确保到位。再次进入 MakeStar P 软件的手动模式界面，单击"提升"按钮，进入缸体提升界面，然后单击两个缸体的"上极限"按钮，将缸体提升至上极限位置，装粉过程完成，如图 3-3-32 所示。

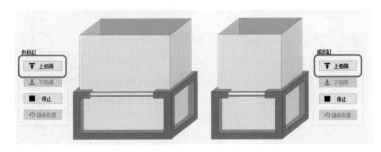

图 3-3-32　将供粉缸与成形缸缸体提升至上极限位置

6. 手动铺粉

（1）确保回粉槽活塞处于原点位置。若未在原点位置，在 MakeStar P 软件中，单击"运动"按钮进入运动控制界面，然后单击回粉槽的"回零极限"按钮，使回粉槽活塞回到原点位置，如图 3-3-33 所示。

（2）将滚筒移动至左极限。选择滚筒的"左极限"选项，单击"运动"按钮，使滚筒向左移动；单击"停止"按钮，可以使滚筒停止运动，如图 3-3-34 所示。

图 3-3-33　回粉槽活塞回到原点位置

图 3-3-34　将滚筒移动至左极限

（3）观察供粉缸缸内粉末表面，使用"绝对运动"或"相对运动"方式提升供粉缸活塞，使其与成形缸工作平面平齐，如图 3-3-35 左图所示。单击成形缸"上极限"按钮，将成形缸活塞提升至上极限位置，如图 3-3-35 右图所示。此时已基本完成活塞提升工作，只需对粉末位置进行微调。

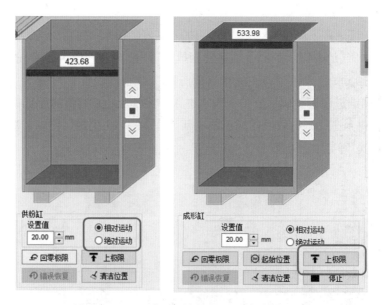

图 3-3-35　提升供粉缸、成形缸活塞

（4）选择供粉缸的"相对运动"选项，将供粉缸活塞提升 0.5~1 mm。而后将滚筒从左极限移动至右极限，再移动回左极限。重复该动作，直至工作平面全部被粉末铺平。

7. 自动铺粉

单击 MakeStar P 软件手动模式界面的"铺粉"按钮，进入自动铺粉界面；如图 3-3-36 所示，设置铺粉"层厚"为 0 mm，"供粉缸活塞"不超过 0.5 mm，根据需要设置铺粉"层数"；单击"铺粉"按钮进行自动铺粉，直至工作平面全部被粉末铺平。

8. 运行自动建造

（1）在 MakeStar P 软件的手动模式界面，单击"返回"按钮进入主界面，单击"机器"菜单栏中的"建造"按钮，进入自动建造界面，如图 3-3-37 所示。

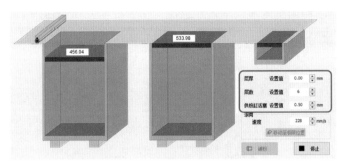

图 3-3-36　自动铺粉

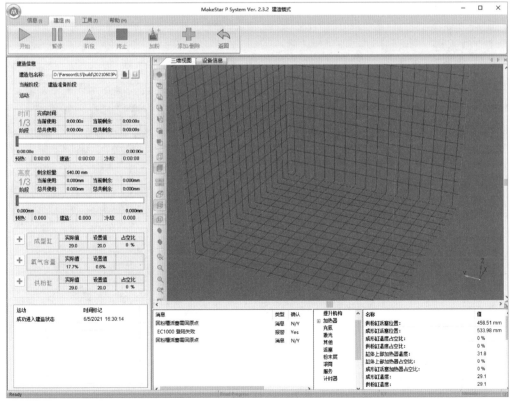

图 3-3-37　进入自动建造界面

（2）在自动建造界面的"建造信息"模块，单击红色按钮，在弹出的"打开"对话框中，找到之前保存的 bpf 格式文件，并单击"打开"按钮，导入建造包，如图 3-3-38 所示。

图 3-3-38　导入 bpf 格式文件建造包

（3）如图 3-3-39 所示，单击"开始"按钮，弹出系统使能提示，按下操作面板上的"SYSTEM ON"按钮，系统使能后开始自动建造。建造分三个阶段：预热阶段、建造阶段和冷却阶段。

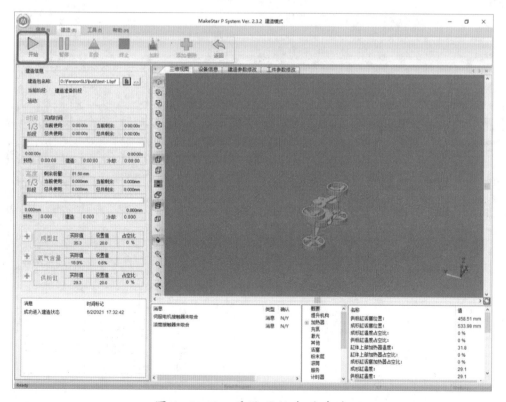

图 3-3-39　系统开始自动建造

（4）建造完成后，弹出"建造报告"界面，如图 3-3-40 所示。

图 3-3-40 "建造报告"界面

六、清粉取件

1. 清粉前准备

（1）查看 bpf 格式文件建造包，了解粉包中工件的形状和位置，以免在取出工件的过程中损坏工件。

（2）确保成形缸内温度降到 80 ℃以下，以防将粉包从成形缸中取出后，零件遇冷收缩造成永久性变形。

2. 移出粉包

（1）建造完成后，在 MakeStar P 软件中，关闭"建造报告"界面，单击"返回"按钮，进入主界面。

（2）单击"机器"菜单中的"手动"按钮，进入手动模式界面；再单击手动模式界面的"运动"按钮，进入运动控制界面，如图 3-3-41 所示。

（3）按下操作面板上的"SYSTEM ON"按钮，使系统使能。

（4）选择成形缸的"相对运动"选项，在"设置值"框中输入"20"，单击向下箭头，将成形缸活塞下降 20 mm，如图 3-3-42 所示，以防降下并移动缸体时，缸体表面外围多余的粉末溢出。

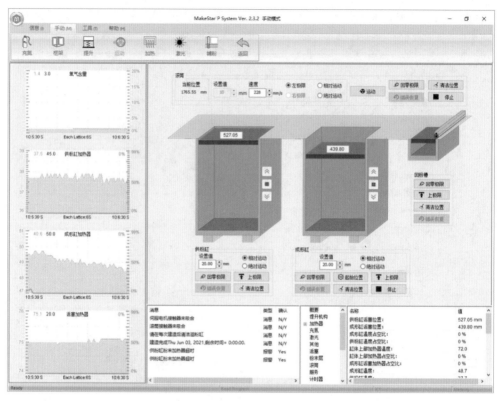

图 3-3-41　进入运动控制界面

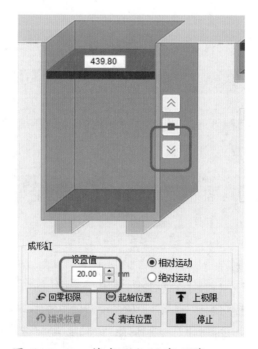

图 3-3-42　将成形缸活塞下降 20 mm

（5）单击手动模式界面的"提升"按钮，进入提升界面；单击成形缸的"下极限"按钮，将成形缸移动至下极限位置，如图 3-3-43 所示。

（6）将成形缸移出设备，放置定位座于成形缸上部，将储粉罩放置于定位座上，如图 3-3-44 所示。

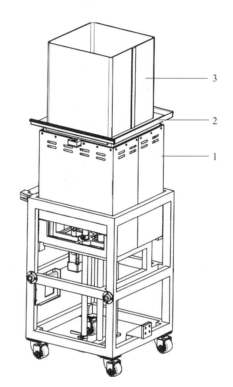

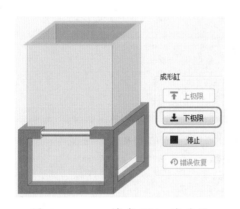

图 3-3-43　将成形缸移动至
下极限位置

图 3-3-44　成形缸、定位座、储粉罩
位置示意图

1—成形缸　2—定位座　3—储粉罩

（7）单击手动模式界面的"运动"按钮，进入运动控制界面；按下操作面板上的"SYSTEM ON"按钮，确保系统使能指示灯点亮；单击成形缸的"上极限"按钮，将成形缸活塞移至顶部，使成形缸内的粉包进入储粉罩内；活塞上升完成后，将清粉铲沿储粉罩底面插进粉包，确保完全插入。

（8）移动叉车至成形缸处，调整叉臂位置，将叉臂叉入清粉铲两侧的托臂下，如图 3-3-45 所示；脚踩叉车踏板提升叉臂，使清粉铲与成形缸脱离，缓慢后退移出叉车，如图 3-3-46 所示。

（9）缓慢移动叉车，将清粉铲、储粉罩及罩内粉包一同转移到清粉台处，降低叉臂缓慢将清粉铲放置于清粉台上；完成后，将叉车移至存放位置，转运工作结束；取出清粉铲和储粉罩，进行清粉操作。

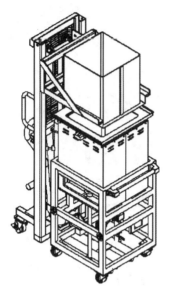

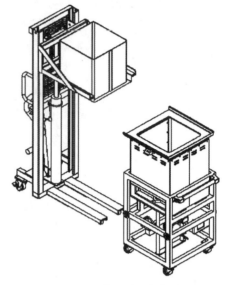

图 3-3-45　移动叉车至成形缸处　　　　图 3-3-46　将叉车移出成形缸

3. 清粉

剥离粉末前需确保粉包中心温度低于 60 ℃，以防高温烫伤和产品急速遇冷产生变形。具体检测方法为：使用温度测量工具插入粉包的中心位置，5 分钟后查看显示温度。

确认粉包中心温度低于 60 ℃后，使用工具（如小铲刀、毛刷）对粉包中工件周围未成形的粉末进行初步剥离。

七、表面处理

1. 喷砂

清粉出来的工件放入喷砂机内进行喷砂处理，可进一步将工件表层的粉末清除干净。

（1）检查喷砂机气管连接是否正常。

（2）打开喷砂机工作舱，倒入喷砂机配套用玻璃珠，按下开始按钮，进行试喷并调节好压力。参数设置建议为：玻璃珠一次加入 600 g，进气压力调至 0.4~0.6 MPa，喷砂压力调至 0.2~0.4 MPa。

（3）将待喷砂工件放入喷砂机内，关好舱门，右脚轻踩喷砂踏板进行喷砂作业。注意：喷砂操作时，工件不能离喷嘴太近，也不能长时间对准同一个部位，以免工件受损。喷砂处理后的齿轮小车样品如图 3-3-47 所示。喷砂仅能处理工件表面的粉末，工件内部或工件复杂结构处的粉末还需使用其他工具如雕刻刀、雕刻笔、铁丝等彻底清除。

2. 其他后处理

如有需要，可对工件进行打磨、涂树脂、喷漆等后处理。

图 3-3-47　齿轮小车样品

八、材料回收

1. 粉末收集

粉末清理完成后，针对不同类型的粉末进行分类收集。

将余粉和溢粉分别放入清粉台中过筛，过筛后的粉末存储于粉末回收放置桶，如图 3-3-48 所示。

图 3-3-48　粉末回收放置桶

不同的粉末分别收集于不同的容器内存放，并做好批次分类标记。

使用工业吸尘器将设备外部及成形缸内的粉末清除干净。

2. 防潮处理

粉末回收放置桶内建议放置干燥剂，并保持粉末存储空间的湿度小于 40%。

九、现场清理

用吸尘器将设备及掉落地面的粉末及时清理干净。注意：使用吸尘器时应轻拿轻放，避免撞击；每次工作完成后，应对吸尘器清理桶及各吸尘附件、防尘袋杂物进行清理，并检查是否有穿孔或漏气等非正常现象；若长时间使用，应每隔半小时停顿一次，一般情况下，连续工作时长不超过 2 小时。

更换粉末材料进行建造前，应对设备进行彻底清洁，确保设备内没有残留上次建造材料的粉末。

思考与练习

1. SLS 工艺 3D 打印设备在操作时需要配置哪些个人防护用品？

2. 将粉末装入供粉缸内之后，如果在运动控制界面提升成形缸活塞至上极限，会造成什么后果？

3. SLS 工艺 3D 打印设备在打印前要进行哪些检查及维护工作？

任务四 掌握 SLS 工艺 3D 打印设备的维护方法

学习目标

1. 了解 SLS 工艺 3D 打印设备的精度检测与矫正方法。
2. 掌握 SLS 工艺 3D 打印设备的维护操作。

任务引入

为提高 SLS 工艺 3D 打印设备的工作稳定性及可靠性，降低工作故障率，SLS 工艺 3D 打印设备需进行定期检测和维护，本任务学习 SLS 工艺 3D 打印设备的精度检测和维护方法，对设备进行精度检验、日常维护和简单故障排除。

相关知识

一、SLS 工艺 3D 打印设备的精度检测

1. 各轴运动精度

各运动部件的精度主要包括 Z 轴、B 轴和 F 轴限位正反方向的定位精度与重复精度。Z 轴为成形缸，正限位位于上方；B 轴为涂铺系统，正限位位于最左端（远端）；F 轴为供粉缸，正限位位于下方。

2. 振镜运动精度

振镜运动精度是指振镜扫描精度。振镜扫描精度分为 X 方向扫描精度和 Y 方向扫描精度。

设备的精度反映在打印产品的打印精度上，通过打印测试件并检测测试件的尺寸来反馈各轴和振镜的运动精度。测试件模型是一个高度为 50 mm 且最大直径为 50 mm 的圆柱堆叠体，如图 3-4-1 所示。尺寸检测时用千分尺从底层往上测量，X 方向和 Y 方向的偏差值表示设备各轴和振镜的运动精度。

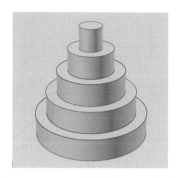

图 3-4-1 运动精度测试件模型

二、SLS 工艺 3D 打印设备的振镜运动精度矫正

振镜运动精度矫正主要是指振镜扫描范围的矫正。

工作台升至零位后继续往上升 1~3 mm，贴坐标纸，尽可能保证坐标纸的平整性，使坐标纸中心位置与工作台中心位置重合，固定坐标纸（注意：若坐标纸受潮、折叠应废弃）。加载打标软件，进行首次矫正，激光功率设置为 1~3 W，各点进行校正。校正完毕，进行 mark 扫描，激光功率设置为 5~8 W，扫描速度为 100 mm/s。扫描完成后，测量坐标纸上激光扫描痕迹的尺寸与理论尺寸的偏差，若偏差较大，则反复多次矫正直至偏差在允许范围内。矫正完成后，将数据存储并复制到 SLSBuild 软件根目录下。

 任务实施

一、精度检验

在设备使用过程中，如出现振动或搬运时，设备结构或光路会发生微小尺寸变化，导致打印产品受到影响，这时需要对设备进行精度检验。

SLS 工艺 3D 打印设备的精度检验依据《激光选区烧结快速成形机床　技术条件》（JB/T 10625—2006）中的机床加工精度检验及评估方法进行。

1. 标准测试件打印

使用三维建模软件创建如图 3-4-2 和表 3-4-1 所示的标准测试件三维模型，并使用 SLS 工艺 3D 打印设备在工作台中心位置和四个角中任意一个角的位置各打印一个标准测试件。

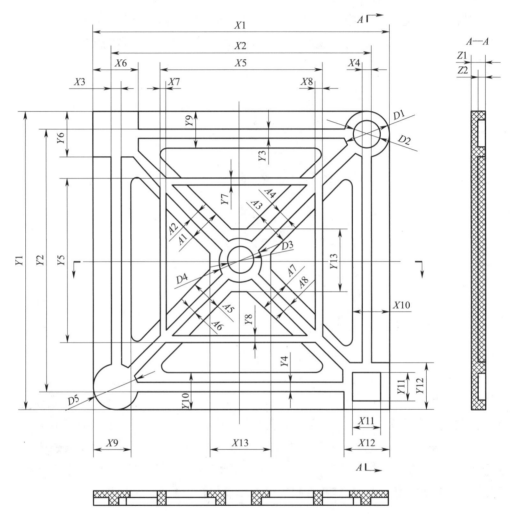

图 3-4-2　试件精度测量位置示意图

▼ 表 3-4-1　试件精度测试表

单位：mm

测量位置 X 方向	理论值	测量值	测量位置 Y 方向	理论值	测量值	测量位置 Z 方向	理论值	测量值
X1	150		Y1	150		Z1	7	
X2	132		Y2	132		Z2	2	
X3	5		Y3	5		D1	23	

续表

测量位置 X 方向	理论值	测量值	测量位置 Y 方向	理论值	测量值	测量位置 Z 方向	理论值	测量值
X4	5		Y4	5		D2	14	
X5	83		Y5	83		D3	23	
X6	23		Y6	23		D4	14	
X7	4		Y7	4		D5	23	
X8	4		Y8	4		A1	15	
X9	19		Y9	19		A2	5	
X10	19		Y10	19		A3	15	
X11	14		Y11	14		A4	5	
X12	23		Y12	23		A5	15	
X13	31.4		Y13	31.4		A6	5	
						A7	15	
						A8	5	

精度要求：测试的尺寸小于等于 100 时，允差为 ±0.2；测试的尺寸大于 100 时，其允差为测试尺寸的 ±0.2%。

测量工具：游标卡尺 150/0.02。

2. 标准测试件后固化处理

标准测试件打印完成后，放入固化箱（见图 3-4-3）进行后固化处理。注意：后固化处理前，应先清理干净测试件表面黏附的未固化的粉末；清理干净后，放入专用容器内用玻璃珠进行填埋，控制好升温速率（建议每小时升温 50~80 ℃），根据测试件大小确定后固化时间。

图 3-4-3　固化箱

3. 标准测试件精度测量

按照图 3-4-2 所示位置对标准测试件进行测量，并将测量数据填入表 3-4-1 中。

测试数据统计分析和合格判定参照《激光选区烧结快速成形机床 技术条件》（JB/T 10625—2006）执行。

二、日常维护

在 SLS 工艺 3D 打印设备日常工作中，应保证反光镜洁净、激光水冷机工作正常，清理余料并保持通风干净的操作环境。设备日常维护的主要内容如下：

1. 擦拭反光镜

反光镜面上可能会因空气环境杂质而附着污染，从而引起激光功率降低，导致产品固化效果差，强度低。因此，应使用擦镜纸蘸无水乙醇，沿同一方向擦拭反光镜。注意：擦拭过程中不能使反光镜片和反光镜座移动，如图 3-4-4 所示。

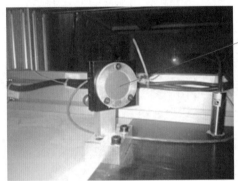

图 3-4-4　反光镜的位置

2. 更换激光水冷机冷却水

对激光器和振镜进行冷却保护的激光水冷机必须使用蒸馏水，并且每月更换一次。

3. 清理余料

每次打印完成后，应将设备里所有粉末余料进行过滤处理，清除杂质。不打印时，粉末余料应放入密封容器中，防止材料吸潮结块。

4. 通风、降低湿度

打印过程中，粉末材料会引起烟尘，应将排烟管接到室外，并保持室内通风。室内环境应避免潮湿，温度控制在 20~28 ℃之间，湿度控制在 40% 以下。

三、简单故障排除

1. 控制操作系统软件无响应

打开控制操作系统软件并加载数据时，如果软件出现异常，可关闭软件并重启工业控制计算机。

2. 扫描区域未固化

产品打印时，如果出现扫描区域没有固化的现象，应检查光路系统，如激光是否正常、是否在反光镜中心、是否在振镜入光口中心。若存在上述问题，应及时进行调整。调整时，为避免发生危险，应将激光器功率降低至 3 ~ 5 W。

 思考与练习

1. 能否使用普通纸巾擦拭反光镜？为什么？
2. 为了方便下次打印，剩余的粉末材料可不进行清理，这种做法是否可取？为什么？

SLM 工艺 3D 打印设备操作与维护

任务一　了解 SLM 工艺 3D 打印设备的构成

 学习目标

1. 了解 SLM 工艺 3D 打印设备的基本工作原理。
2. 熟悉 SLM 工艺 3D 打印设备的传动结构。
3. 熟悉 SLM 工艺 3D 打印设备的控制系统。
4. 能绘制 SLM 工艺 3D 打印设备的结构简图。

 任务引入

　　SLM 工艺 3D 打印设备与 SLS 工艺 3D 打印设备在功能和结构上很相似，本任务学习 SLM 工艺 3D 打印设备的基本工作原理，熟悉设备的传动结构和控制系统，并绘制设备的结构简图，更深入地了解这两种设备的应用场景。

 相关知识

一、SLM 工艺 3D 打印设备的基本工作原理

　　SLM（selective laser melting），即激光选区熔化成形。SLM 工艺 3D 打印设备采用的是激光选区熔化成形技术，使用大功率光纤激光器为热源，以金属粉末为打印材料。其基本工作原理如图 4-1-1 所示，打印时，在基板上平铺一层金属粉末，扫描装置带动激光光束对铺平粉末进行选择性熔化，粉末熔化并迅速冷却凝固，完成一个层面的成形；随后，升降系统带动基板下降一个层厚的距离，继续平铺粉末，利用激光光束对粉末选择性扫描熔化，并与前一层面黏结；不断循环，直至整个产品成形。为了防止成形产品在急剧升温的情况下与活性气体发生反应影响成形质量，需要向成形腔中通入保护气体以降低氧气等活性气体的浓度。

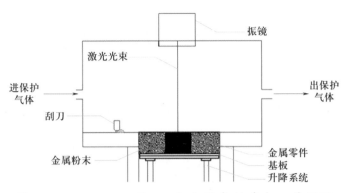

图 4-1-1　SLM 工艺 3D 打印设备的基本工作原理

二、SLM 工艺 3D 打印设备的传动结构

如图 4-1-2 所示的 RC300 型 SLM 工艺 3D 打印设备的传动结构主要包括三个部分。

1. 粉末刮平传动系统（见图 4-1-3）

粉末刮平传动系统主要组件为刮刀和线性驱动器，线性驱动器用于确保刮刀在水平方向往复移动。为保证打印产品的质量，要求粉末刮平传动系统具有较高的直线度。

2. 工作台升降传动系统

工作台载体在垂直方向通过升降系统移动，主要组件为工作台载体和线性驱动器。为保证打印产品的尺寸精度，要求工作台升降传动系统具有较高的直线度和重复定位精度。

图 4-1-2　SLM 工艺 3D 打印设备的外形

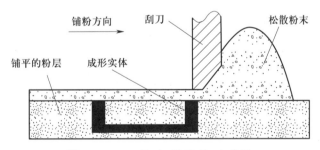

图 4-1-3　粉末刮平传动系统

3. 粉末供应传动系统

现有的大部分 SLM 工艺 3D 打印设备，粉末供应传动系统与工作台升降传动系统类似，粉末载体在垂直方向通过升降系统移动。

三、SLM 工艺 3D 打印设备的控制系统

SLM 工艺 3D 打印设备的控制系统主要包括激光扫描控制系统、刮平运动控制系统、工作台升降控制系统、粉末供应控制系统、循环风路控制系统、气体保护控制系统和质量控制系统等。通过多系统集成控制，实现设备高效、可靠、智能运转。

 任务实施

分析 SLM 工艺 3D 打印设备的传动结构，并绘制 SLM 工艺 3D 打印设备的结构简图。

 思考与练习

简述 SLM 工艺 3D 打印设备的基本工作原理。

任务二 认识 SLM 工艺 3D 打印设备的激光器及保护气体

 学习目标

1. 了解 SLM 工艺 3D 打印设备用激光器及其特点。
2. 了解 SLM 工艺 3D 打印设备的气体保护系统。
3. 能安全、正确操作 SLM 工艺 3D 打印设备的激光器。

 任务引入

本任务学习 SLM 工艺 3D 打印设备的激光器及气体保护系统，了解激光器的类型及特点、保护气体的类型和保护原理，并能安全、正确操作设备的激光器。

相关知识

一、SLM 工艺 3D 打印设备用激光器及其特点

SLM 工艺 3D 打印中，需要使用高能激光对金属粉末进行熔化，激光器作为熔化金属粉末的高能量密度热源，是激光立体成形系统的核心部分，其性能直接影响成形效果。常见的激光器有 YAG 激光器、CO_2 激光器和光纤激光器，SLM 工艺 3D 打印设备主要采用光纤激光器（见图 4-2-1）。

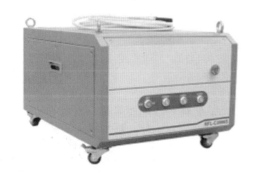

图 4-2-1　光纤激光器

光纤激光器使用光纤作为工作介质，与 YAG 激光器、CO_2 激光器相比，具有许多独特的优点，其主要应用领域已经扩展到汽车制造、船舶制造、航空制造等行业的金属和非金属材料激光切割、激光焊接、激光雕刻等方面。光纤激光器的主要特点如下：

1. 光束质量好

光纤的波导结构决定光纤激光器易于获得单横模输出，且受外界因素影响很小，能够实现高亮度的激光输出。

2. 效率高

光纤激光器选择发射波长和掺杂稀土元素吸收特性相匹配的半导体激光器为泵浦源，可以实现很高的转化效率。商业化光纤激光器的总体电光转换效率高达 25%，有利于降低成本，节能环保。

3. 散热特性好

光纤激光器采用细长的掺杂稀土元素光纤作为激光增益介质，其表面积和体积比非常大，约为固体块状激光器的 1 000 倍，在散热能力方面具有天然优势。中低功率情况下无需对光纤进行特殊冷却，高功率情况下采用水冷散热，可以有效避免固体激光器中常见的由热效应引起的光束质量下降和效率下降问题。

4. 结构紧凑，可靠性高

由于光纤激光器采用细小而柔软的光纤作为激光增益介质，有利于压缩体积、节约成本。泵浦源也采用体积小、易于模块化的半导体激光器，商业化产品一般可带尾纤输出，加上光纤布拉格光栅等光纤化的器件，只要将这些器件相互熔接即可实现全光纤化，对环境扰动免疫能力强，具有很高的稳定性，可节省维护时间和费用。

光纤激光器具有效率高、寿命长、维护成本低等优点，非常适合于 SLM 工艺 3D 打印。光纤激光器能够将光斑直径聚焦到 20~50 μm，功率密度超过 1×10^6 W/cm^2，几乎能使所有的金属材料瞬间熔化。

一般来说，激光光束的能量越大，所产生的熔池面积越大，金属堆积速率也就越大，但是熔池面积和金属堆积速率的增大必然导致成形精度降低。因此，在 SLM 工艺 3D 打印设备中，应根据实际需求选择合适的光纤激光器。

二、SLM 工艺 3D 打印设备的气体保护系统

1. 气体保护系统的作用

金属材料在高温下极易与空气中的氧气发生反应，氧化物对成形质量有非常大的负面影响，会使材料湿润性大大下降，降低层间、熔道间的冶金结合能力。此外，液态金属在氧气的作用下，其表面张力急剧下降，容易成球，严重影响成形。为减少打印过程中氧化对产品力学性能造成的不利影响，SLM 工艺 3D 打印设备要求配备气体保护系统。

2. 保护气体类型

SLM 工艺 3D 打印设备使用的保护气体是惰性气体，通常在厂房中设有惰性气体瓶或气站，以软管连接 SLM 工艺 3D 打印设备（见图 4-2-2），通入惰性保护气体，使成形过程在保护气体环境中进行。根据成形材料的不同，常用的惰性气体包括氮气、氩气等。

（1）氮气是一种无色、无味的气体，化学性质很不活泼，在高温、高压及催化剂条件下才能与氢气发生反应生成氨气。氮气主要从大气中分离或由含氮化合物分解制得。

图 4-2-2　常用氮气瓶或制氮机供气

（2）氩气也是一种无色、无味的气体，在常温下与其他物质均不起化学反应，在高温下也不溶于液态金属中，在焊接有色金属时更能显示其优越性。一般由空气液化后，用分馏法制取氩气。

 任务实施

观察 SLM 工艺 3D 打印设备中的激光器并安全、正确操作激光器。

1. 打印前，查看激光器的类型及型号，确保环境温度不低于水凝结温度；检查激光器电源线连接情况，确保激光器工作正常；做好防护措施，佩戴防激光护目镜。

2. 打印过程中，禁止直视激光或长时间观察激光处，禁止将身体伸入激光扫描路径，禁止安装、连接、触碰光纤或准直器等部件。

3. 打印完成后，确认激光器已正常关闭，并对激光器进行日常维护。

 思考与练习

1. 简述 SLM 工艺 3D 打印设备气体保护系统的作用。
2. 根据工作介质的不同，激光器可分为哪些类型？

任务三　掌握 SLM 工艺 3D 打印设备的操作方法

 学习目标

1. 掌握 SLM 工艺 3D 打印设备的操作步骤。
2. 熟悉 SLM 工艺 3D 打印设备的操作注意事项。

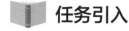 **任务引入**

本任务通过操作 SLM 工艺 3D 打印设备打印如图 4-3-1 所示的叶轮样品，掌握 SLM 工艺 3D 打印设备的正确操作方法，并熟悉操作过程的注意事项。

 相关知识

一、SLM 工艺 3D 打印设备的操作步骤

SLM 工艺 3D 打印设备的操作步骤如图 4-3-2 所示。

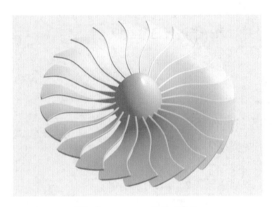

图 4-3-1　叶轮样品

图 4-3-2　SLM 工艺 3D 打印
设备的操作步骤

二、SLM 工艺 3D 打印设备的操作注意事项

1. 整个操作过程必须佩戴防尘口罩、防护手套等防护用品，吸尘器须使用防爆吸尘器。

2. 操作前，应仔细检查设备电路、水路、气路的连接情况，确保电路正常、不漏水、不漏气。

3. 操作前，应将激光窗口镜擦拭干净，清理溢粉口，并留有足够的回收粉末空间。

4. 设备工作时，禁止开启成形腔舱门。打印时，切勿直视激光，必须佩戴防激光护目镜，或通过防护玻璃观察成形状态。

5. 打印完成后，待产品冷却半小时，打开舱门取出产品。若不再进行打印，应将粉末及时清理出来，筛好密封以防粉末被氧化。

6. 使用同一基体、不同牌号的合金粉末（如不同牌号的铝合金）打印时，可以不更换滤芯；但使用不同基体的材料（如铝合金和不锈钢）打印时，必须更换滤芯。

任务实施

一、任务准备

1. 根据任务要求，准备相应的设备、工具、材料及防护用品等，见表 4-3-1。

▼ 表 4-3-1　设备、工具、材料及防护用品清单

序号	类别	准备内容
1	设备	SLM 工艺 3D 打印设备
2	工具	U 盘、防静电毛刷、平铲、防爆吸尘器、扳手、方形过滤筛
3	材料	金属粉末（316 L 不锈钢）
4	防护用品	防护手套、防护眼镜、防尘口罩
5	安全用品	D 类灭火器

2. 将 STL 格式的叶轮模型文件提前拷入 U 盘中。注意：需修复好 STL 格式文件的破面。

二、设备开机

1. 开机前准备

（1）惰性气体（氩气，纯度≥ 99.99%）够用。

（2）激光水冷机的水位处于安全值内。

（3）设备所处环境温度保持在 23±3 ℃，湿度小于 75%。

（4）更换粉末材料种类进行建造前，应确保设备内没有残留之前建造的粉末。

（5）金属粉末属于易燃易爆物，应远离明火，工作场地应按消防要求配置金属粉末灭火器材（如 D 类灭火器）。

（6）操作设备前务必佩戴好有效的防尘口罩、手套，穿好安全鞋；处理活性金属粉末时，应佩戴好有效的防尘口罩、防护眼镜、防静电手环、防静电手套，穿好整套防静电服。

2. 通电开机

将设备后侧的主电源开关旋至"ON"状态，确保设备供电正常，工业控制计算机主机同步开启。

打开激光水冷机的电源开关，确保激光水冷机处于工作状态，如图 4-3-3 所示。注意：若未开启激光水冷机，打

图 4-3-3　激光水冷机

开 MakeStar M 软件时，系统会发出警告"冷却液压力不够报警"，导致设备无法正常工作。

3. 检测氧气传感器有效性

氧气传感器检测周期默认设置为 7 天一次，检测方法如下：

（1）打开 MakeStar M 软件，进入其主界面，如图 4-3-4 所示。

（2）如图 4-3-5 所示，按下操作面板上的门锁按钮（"UNLOCK DOOR"），打开成形腔舱门，等待软件界面显示腔体内氧气含量值高于 19%。

（3）长按操作面板上的照明按钮（"LIGHT"）10 s，如图 4-3-6 所示。

（4）等待 40 s 后，当软件界面左下角检测状态由 氧气传感器未能正常工作，请进行检测 变成 氧气传感器工作正常 时，则表示氧气传感器正常，可正常进入建造；若未变化且界面显示报警信息"氧气传感器失效"，应更换氧气传感器后，再次进行有效性检测。

图 4-3-4　MakeStar M 软件主界面

图 4-3-5　按下门锁按钮

图 4-3-6　长按照明按钮

三、数据处理

1. 将 STL 格式的叶轮模型文件拷贝到工业控制计算机中，如保存路径为 D:\FarsoonSLS\Geometry，如图 4-3-7 所示。

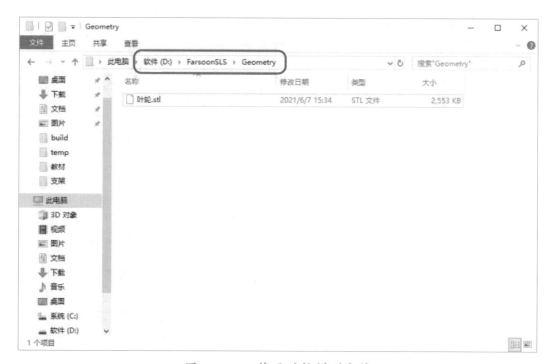

图 4-3-7　拷贝叶轮模型文件

2. 打开建模操作系统软件 BuildStar，进入其主界面，如图 4-3-8 所示。

3. 单击软件"首页"菜单栏中的"改变材料"按钮，确定建造所用的材料，如图 4-3-9 所示。

4. 在软件主界面右侧的"导入工件"任务栏中，找到 STL 格式叶轮模型文件并双击添加到软件建造区内。该建造区代表成形缸的大小，模型不能超出立方体外围虚线。选中模型，单击鼠标右键，选择"对齐基准面"命令，如图 4-3-10 所示。然后进行支撑添加和分层切片等，最后导出建造所需的 bpf 格式文件。

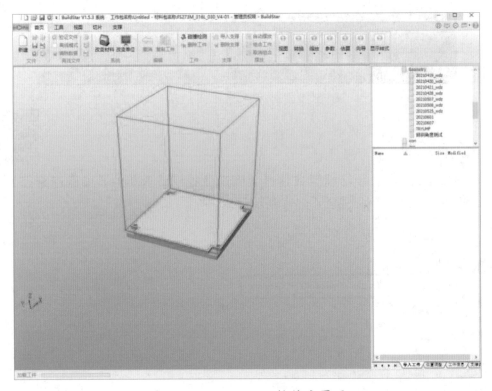

图 4-3-8　BuildStar 软件主界面

图 4-3-9　确定建造所用的材料

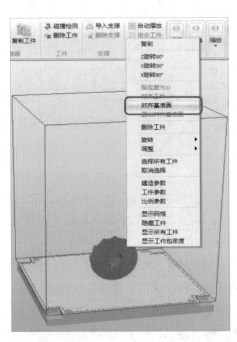

图 4-3-10　对齐基准面

四、材料准备

不同的金属粉末在使用前，需用该材料对应目数的过滤筛或配套筛网规格的振动筛过筛，以防粉末里掺杂有异物，影响建造。注意：粉末未经振动筛或过滤筛过筛，禁止上机建造。粉末过筛所需设备为振动筛（见图 4-3-11）。

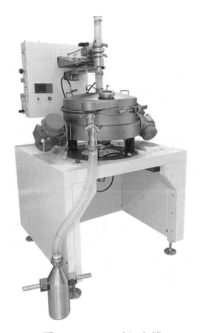

图 4-3-11　振动筛

粉末过筛步骤如下：

1. 确认调压阀指针指向 0.35~0.6 MPa，主惰性气体流量计指针指向 40~60 LPM，辅助惰性气体流量计指针指向 5~10 LPM。

确认过滤瓶内过滤棉颜色为白色，且瓶内液体容积为 0.3 L 左右，否则应更换过滤棉、加水。

2. 按下启动按钮，等待振动筛电动机启动 5 s 后，开启上部移动粉缸与设备连接处的手动蝶阀。

3. 待粉末筛分完毕，关闭上部移动粉缸与设备连接处的手动蝶阀，按下停止按钮，关闭气源开关。若粉末筛分后多于一个满缸，建议提前关闭下部移动粉缸蝶阀，以免造成粉末浪费。

4. 脱开上、下部移动粉缸与设备连接处的快装卡箍，将移动粉缸转移；清理工作台面；将移动粉缸内已过筛的粉末直接装入设备供粉缸内，直到粉量达到所需用量。

五、产品打印

1. 打开控制操作系统软件

打开控制操作系统软件 MakeStar M，进入其主界面，如图 4-3-12 所示。

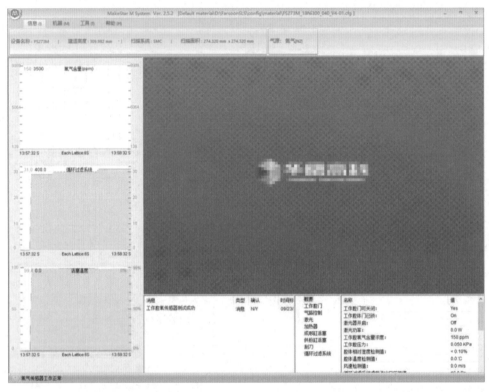

图 4-3-12　MakeStar M 软件主界面

2. 进入手动模式界面

单击"机器"菜单中的"手动"按钮，进入手动模式界面，如图 4-3-13 所示。

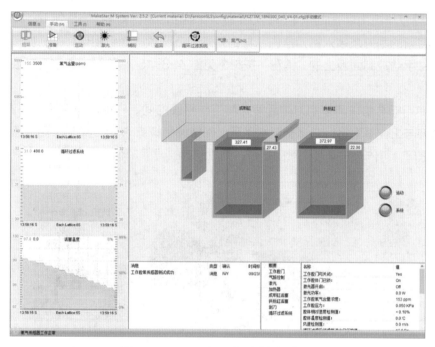

图 4-3-13　进入手动模式界面

3. 调平刮刀

以橡胶刮刀为例，刮刀条安装在刮刀座上，与刮刀臂通过螺钉相连，固定安装在设备腔体内，其结构如图 4-3-14 所示。

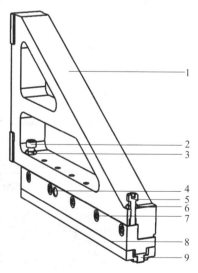

图 4-3-14　刮刀结构

1—刮刀臂　2—调平螺钉 A　3、6—六角螺母　4—定位销

5—调平螺钉 B　7—紧固螺钉　8—刮刀座　9—刮刀条

为保证刮刀与工作平面的水平，刮刀座首次安装后应进行调平，方法如下：

（1）将新的刮刀条装入刮刀座内，与刮刀臂用 5 个紧固螺钉相连，不施加预紧力。按下运动部件手动控制面板上的"铺粉"按钮（见图 4-3-15），将刮刀移动至基板上方正中心。

（2）使用标准垫块测量刮刀前后两处与工作平面的间距，通过调平螺钉 B 进行微调，以保证刮刀与工作平面平行；调整至水平后，保持调平螺钉 A 和 B 不动，用扳手分别锁紧两处六角螺母，再依次拧紧 5 个紧固螺钉，完成刮刀的调平。

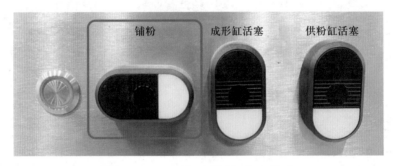

图 4-3-15　手动控制刮刀移动

4. 更换建造基板

基板的作用是在建造过程中作为成形件的底部支撑，以防成形件在建造过程中发生偏移或翘曲变形。基板的材料与建造材料成分相近或相同，通过螺钉固定在成形缸活塞板上，如图 4-3-16 所示。每次建造前需更换基板，更换基板前应先检查基板的平面度。基板更换的方法如下：

（1）吸风管为可拆卸部件，右滑取出吸风管，以免妨碍基板安装操作，如图 4-3-17 所示。

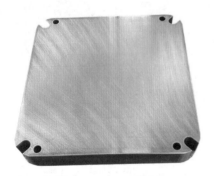

图 4-3-16　基板

图 4-3-17　取出吸风管

（2）如图 4-3-18 所示，按下运动部件手动控制面板上的"成形缸活塞"按钮，将成形缸活塞提升至工作平面之上 2~3 mm。

图 4-3-18　手动控制成形缸活塞提升

（3）将新的基板缓慢放置于活塞板上，并对准固定螺钉孔，旋入螺钉，不施加预紧力；设置成形缸活塞温度为 100 ℃（视材料而定，本任务材料为 316 L），关闭外防护门；在 MakeStar M 软件手动模式界面单击"准备"按钮，进入准备界面，如图 4-3-19 所示；按下操作面板上的"SYSTEM ON"按钮，激活加热功能，如图 4-3-20 所示。

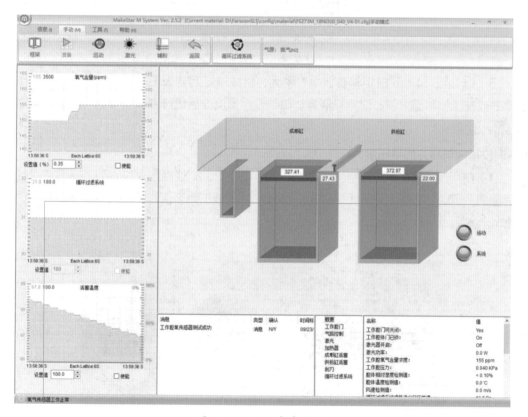

图 4-3-19　准备界面

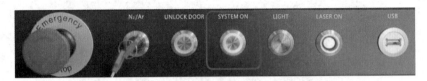

图 4-3-20 按下"SYSTEM ON"按钮

（4）勾选准备界面活塞温度模块的"使能"框，使成形缸活塞温度逐步加热到设定温度值，如图 4-3-21 所示。

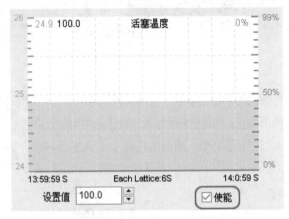

图 4-3-21 加热使能

（5）以 24.5 N·m 扭矩将基板螺钉紧固；将成形缸活塞板下降至基板上表面与工作平面平齐或在工作平面之下。注意：活塞加热到设定温度值后进行基板操作时，尽量避免接触基板，以防烫伤。

5. 调校基板与刮刀的平行度

（1）使用运动部件手动控制面板功能（见图 4-3-22），或操作 MakeStar M 软件手动模式界面的"运动"功能（见图 4-3-23），将成形缸基板下降至工作平面以下，将刮刀移动至成形缸上方。

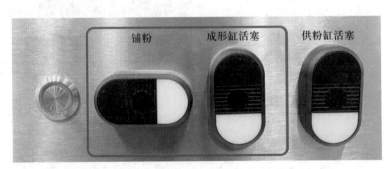

图 4-3-22 手动控制成形缸移动

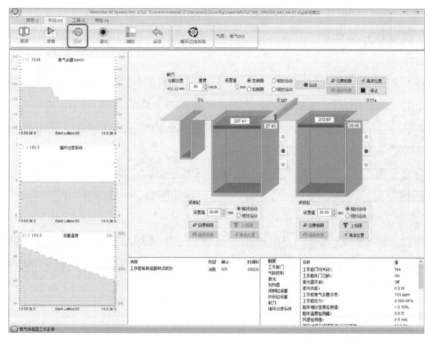

图 4-3-23　软件控制成形缸移动

（2）上移成形缸活塞，直至成形缸基板上表面接近刮刀下表面（但不接触）；用塞尺测量基板上表面与刮刀的间隙，建议测量如图 4-3-24 所示的九个点位置。若间隙之间的差值小于 0.05 mm，视为已调平；若间隙之间的差值大于 0.05 mm，继续以下操作。

（3）旋松基板的 4 个固定螺钉，如图 4-3-25 所示。

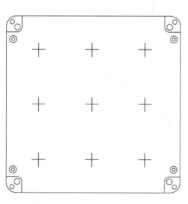

图 4-3-24　九点位置

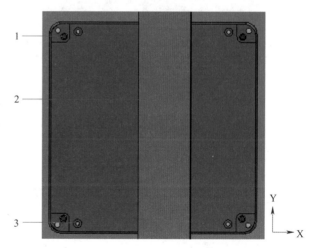

图 4-3-25　基板位置图
1—固定螺钉（4 个）　2—刮刀安装板
3—调节螺钉（4 个）

（4）单击 MakeStar M 软件手动模式界面的"运动"按钮，选择成形缸"相对运动"选项，在"设置值"框中输入"0.20"，单击向下箭头，使成形缸活塞下降 0.2 mm，如图 4-3-26 所示。

（5）将刮刀移动至成形缸右侧，旋转升起右下角的调节螺钉；用塞尺测量右侧 Y 方向三点位置处的间隙，根据间隙值顺时针或逆时针旋转右上角的调节螺钉以调平基板右侧；调定后，移动刮刀至成形缸左侧，再次测量左侧 Y 方向三点位置处的间隙，根据间隙值顺时针或逆时针旋转左侧的调节螺钉以调平基板左侧。

（6）重复步骤（5），直到基板左、右两侧的间隙差值均控制在 0.05 mm 以内；分别将基板的 4 个固定螺钉旋紧到指定力矩 24.5 N·m（可缓慢加力，中间需多次检测两个方向的高度差）。

（7）再次上移成形缸活塞，直至成形缸基板上表面接近刮刀下表面（但不接触）；使用塞尺再次测量基板上表面与刮刀的间隙，逐一测量图 4-3-24 中的九点位置，确保间隙之间的差值小于 0.05 mm，调平完成。

6. 铺平粉末

方法一：手动铺平粉末

（1）在 MakeStar M 软件的运动控制界面，选择供粉缸"相对运动"选项，输入设置值（如 0.08），单击向上箭头，使供粉缸活塞上升 0.05~0.1 mm，如图 4-3-27 所示。

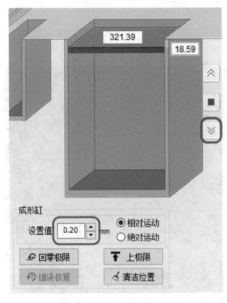

图 4-3-26　成形缸活塞下降　　　　图 4-3-27　供粉缸活塞上升

（2）操作 MakeStar M 软件控制刮刀运动的功能，将刮刀从右侧移动至左侧，再运动回右侧，如图 4-3-28 所示；重复该动作，直至工作平面全部被粉末铺平。

图 4-3-28　刮刀铺平粉末

方法二：自动铺平粉末

单击 MakeStar M 软件手动模式界面的"铺粉"按钮，进入自动铺粉界面；设置铺粉"层厚"为 0 mm，"供粉缸活塞位置"为 0.1 mm，"层数"为 1，如图 4-3-29 所示；单击"铺粉"按钮进行自动铺粉，直至工作平面全部被粉末铺平，如图 4-3-30 所示。

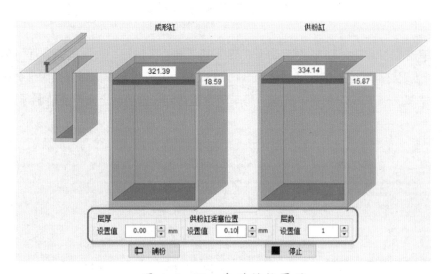

图 4-3-29　自动铺粉界面

7. 清洁激光窗口镜

激光窗口镜如图 4-3-31 所示。清洁时，使用空气球吹掉镜片表面污物。如果吹不掉污物，则用无尘布或无尘纸蘸无水乙醇，轻擦镜片表面。注意：避免用力、来回擦拭，同时应控制无尘布或无尘纸划过表面的速度，使擦拭留下的液体立即蒸发，不留下条纹。如果仍除不掉污物，则用脱脂棉签或脱脂棉蘸白醋，用很小的力擦洗镜片表面，接着立即用无尘布或无尘纸蘸无水乙醇，轻轻擦拭表面，除去残留的白醋。

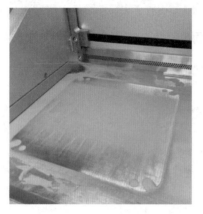

图 4-3-30　工作平面粉末铺平

图 4-3-31　激光窗口镜

8. 建造前准备

（1）检查循环过滤系统，确保循环过滤系统已开启并运行正常；检查设备各舱门，确保各舱门关闭。

（2）单击 MakeStar M 软件手动模式界面的"准备"按钮，进入准备界面；设置氧气含量为 0.1（视材料而定，该任务材料为 316 L），根据实际设置循环过滤系统压力值，勾选"使能"框，如图 4-3-32 所示。注意：待氧气含量达到设置值后，方可使能循环过滤系统。

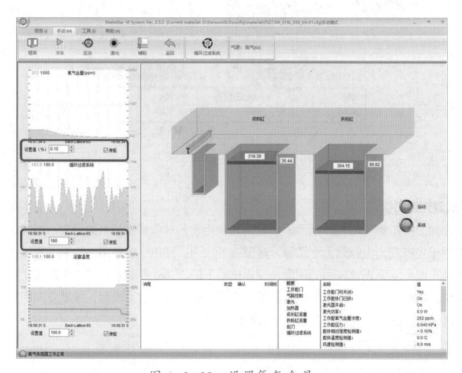

图 4-3-32　设置氧气含量

9. 运行自动建造

（1）在 MakeStar M 软件的手动模式界面，单击"返回"按钮进入主界面，单击"机器"菜单栏中的"建造"按钮，进入自动建造界面，如图 4-3-33 所示。

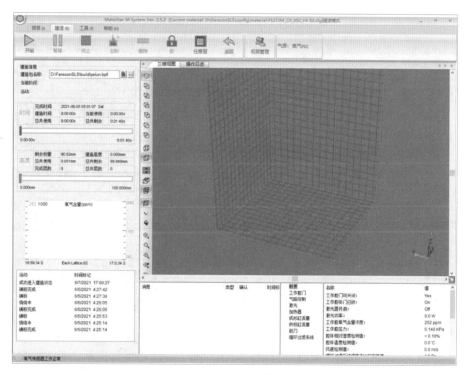

图 4-3-33 自动建造界面

（2）确保刮刀处于回零极限位置；在自动建造界面的"建造信息"模块，单击红色按钮，在弹出的"打开"对话框中，找到之前保存的 bpf 格式文件，并单击"打开"按钮，导入建造包，如图 4-3-34 所示。

图 4-3-34　导入 bpf 格式文件建造包

　　（3）如图 4-3-35 所示，单击"开始"按钮；弹出建造包类型提示，单击"是"按钮；弹出气源类型和系统使能提示，如图 4-3-36、图 4-3-37 所示。确定气源类型无误后，按下操作面板上的"SYSTEM ON"按钮。

　　（4）如图 4-3-38 所示，待建造条件状态界面各项建造条件满足后，开始自动建造。建造完成后，弹出"建造报告"界面。

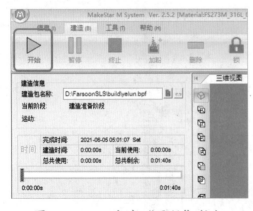

图 4-3-35　点击"开始"按钮

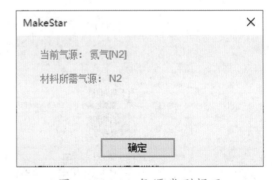

图 4-3-36　气源类型提示

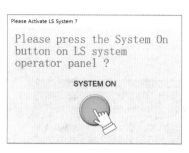

图 4-3-37　系统使能提示

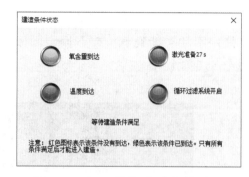

图 4-3-38　等待建造条件满足

六、清粉取件

1. 清粉

（1）建造完成后，在 MakeStar M 软件中，关闭"建造报告"界面，单击"返回"按钮，进入手动模式界面，如图 4-3-39 所示。

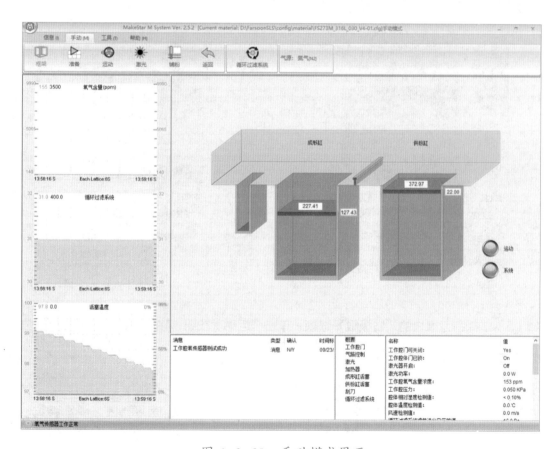

图 4-3-39　手动模式界面

（2）观察氧气含量，确保全程氧气含量低于设置值；当氧气含量高于设置值时，务必使用手动功能充气；按下操作面板上的"SYSTEM ON"按钮，使系统使能，如图 4-3-40 所示。

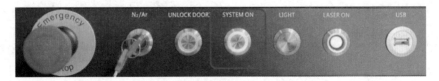

图 4-3-40　按下"SYSTEM ON"按钮

（3）单击 MakeStar M 软件手动模式界面的"运动"按钮，进入运动控制界面；选择成形缸"相对运动"选项，在"设置值"框中输入"0.50"，单击向下箭头，将成形缸下降0.5 mm，以防刮刀运动时碰伤工件，如图 4-3-41 所示。

（4）选择供粉缸"相对运动"选项，在"设置值"框中输入"25"，单击向下箭头，将供粉缸下降 25 mm，放置过滤筛，如图 4-3-42 所示。

图 4-3-41　成形缸下降

图 4-3-42　供粉缸下降

（5）选择刮刀模块的"右极限"选项，单击"运动"按钮，移动刮刀并停在右极限位置，如图 4-3-43 所示。

图 4-3-43　刮刀停在右极限位置

（6）选择成形缸"相对运动"选项，在"设置值"框中输入"10"，单击向上箭头，使成形缸上升 10 mm，用防静电毛刷将多余的粉末刷至溢粉罐内；重复该动作，直到成形缸到达上极限位置。

（7）用防静电毛刷将基板螺钉孔处的粉末清理干净，使用内六角扳手拧松基板螺钉，向溢粉罐方向倾斜基板，将基板上的残余粉末倒至溢粉罐内。注意：需使用舱门手套清理粉末，切勿中途打开成形腔舱门；舱门手套使用完毕，应整理好并整齐放置于舱门手套孔内，旋紧手套箱盖，以防后续设备运行时，由于腔内压力变化而造成设备损坏。

2．取出工件

（1）打开成形腔舱门，将吸风管右滑取出腔体，清洁后待用。

（2）取出基板，用无尘布蘸无水乙醇擦拭干净基板上残余的极少量金属粉末（该任务材料为 316 L，若为活性金属材料，禁止使用无水乙醇擦拭）。注意：取出基板后，应立即关闭成形腔舱门。

3．分离工件

所需附属设备为热处理炉、线切割机。

将工件与基板从设备中取出后，放入热处理炉中进行工件去应力退火；然后使用线切割机将工件与基板分离，使用工具去除剩余的支撑，获得工件。

4．处理粉末

（1）用铝铲将供粉缸内粉末铲出，置入振动筛中过筛，将过筛后的粉末存储于干燥密封的容器内。

（2）用防静电毛刷将腔体内部工作台上的粉末刷至粉末回收设备（见图 4-3-44）的溢粉槽内。

（3）打开粉末回收设备前防护门，轻轻晃动连接管，使管内壁残留粉末尽可能的落入移动粉缸内，关闭上蝶阀。

（4）关闭下蝶阀，打开卡箍，将移动粉缸松开并取出；将移动粉缸内粉末置入振动筛中过筛，将过筛后的粉末存储于干燥密封的容器内。

（5）使用工业吸尘器将设备上特别是成形缸表面残留的粉末清除干净。

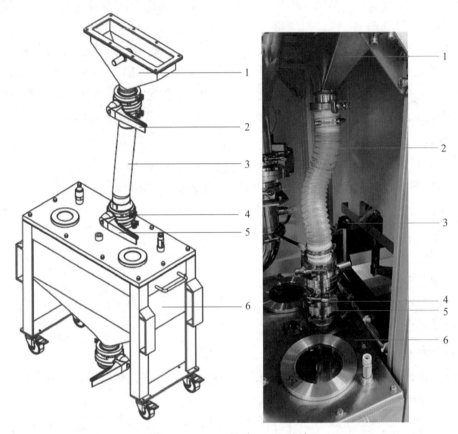

图 4-3-44　粉末回收设备

1—溢粉槽　2—上蝶阀　3—连接管　4—卡箍

5—下蝶阀　6—移动粉缸

 思考与练习

1. SLM 工艺 3D 打印设备的操作流程一般分为哪几个步骤？

2. 为了节约材料，不同金属粉材可以混合使用。这种说法正确吗？

任务四 掌握 SLM 工艺 3D 打印设备的维护方法

 学习目标

1. 了解 SLM 工艺 3D 打印设备的维护内容。
2. 掌握 SLM 工艺 3D 打印设备的维护操作。

 任务引入

为提高 SLM 工艺 3D 打印设备的工作稳定性及可靠性，降低工作故障率，SLM 工艺 3D 打印设备需进行定期检测和维护，本任务学习 SLM 工艺 3D 打印设备的维护方法，对设备进行日常维护。

 相关知识

SLM 工艺 3D 打印设备的维护内容，按频率可分为日常维护、季度维护和年度维护。

在日常维护中，需观察激光水冷机水位情况，防止水位过低；确认电源接口牢靠；保证设备运行环境满足使用要求；使用前擦拭保护镜头，使用后清理设备内部粉末，进行粉末筛滤与存储，在腔内放置干燥剂等。

在季度维护中，需对除尘滤芯进行检查与更换，对除尘罐进行清理，检测管道各接口的牢固性，测试成形腔内的气密性，检测设备水平度等。

在年度维护中，需对整机结构和线路进行全面检查与维护。

任务实施

在 SLM 工艺 3D 打印设备日常维护中，粉末清理与更换尤为关键。

为保证粉末材料洁净度和有效性，需对成形腔与成形轴上的粉末及时进行清理，并对剩余粉末进行筛滤。

　　设备使用完毕，剩余粉末材料需要使用专用毛刷进行清扫，收集至收粉桶（见图 4-4-1）后进行筛粉，过滤出细粉，再次利用。

　　气路循环管道和供粉缸需要拆卸后用水清洗，并在风干处理后更换滤芯。

　　配套设备如筛粉机（见图 4-4-2）、干燥箱（见图 4-4-3）等也需要及时清理。

图 4-4-1　收粉桶

图 4-4-2　筛粉机

图 4-4-3　干燥箱

SLM 工艺 3D 打印设备日常维护操作注意事项：

1. 使用过的滤芯极易燃烧，更换时必须穿戴防火服、防火手套和防静电鞋。

2. 更换密封圈时应当将金属粉末清理干净，以免造成二次污染。

3. 激光水冷机冷却水须用蒸馏水，不能使用自来水。

 思考与练习

1. 激光水冷机水位不达标会导致什么后果？

2. 应如何处理使用过的滤芯？